面向对象

（第3版）

[日] 平泽章 / 著　侯振龙 / 译

How
Objects
Work

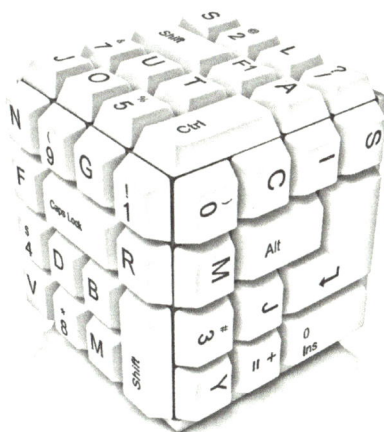

人 民 邮 电 出 版 社

北　京

图书在版编目（CIP）数据

面向对象是怎样工作的：第3版 /（日）平泽章著；
侯振龙译. -- 2版. -- 北京：人民邮电出版社，2022.8
（图灵程序设计丛书）
ISBN 978-7-115-59581-2

Ⅰ. ①面… Ⅱ. ①平… ②侯… Ⅲ. ①面向对象语言
－程序设计 Ⅳ. ①TP312.8

中国版本图书馆CIP数据核字(2022)第110101号

内 容 提 要

　　本书以图配文的形式，直观易懂地介绍了面向对象的全貌及其包含的各项技术，包括面向对象编程、框架、设计模式、UML、建模、面向对象设计和敏捷开发方法等。对于各项技术是如何使用的（How），书中只进行简要的说明，而重点介绍这些技术是什么（What），以及为什么需要这些技术（Why）。另外，"编程往事"专栏介绍了作者年轻时的一些经历；"对象的另一面"专栏以与正文不同的视角讲解了面向对象这一概念普及的背景和原因，通俗有趣；"当今的OOP"专栏介绍了Java、Python、Ruby、JavaScript等当今流行的编程语言的新动向。

　　本书适合各层次软件开发人员阅读，也可作为计算机专业学生的参考读物。

◆ 著　　　　[日]平泽章
　 译　　　　侯振龙
　 责任编辑　杜晓静
　 责任印制　彭志环
◆ 人民邮电出版社出版发行　　北京市丰台区成寿寺路11号
　 邮编　100164　　电子邮件　315@ptpress.com.cn
　 网址　https://www.ptpress.com.cn
　 涿州市般润文化传播有限公司印刷
◆ 开本：880×1230　1/32
　 印张：9.5　　　　　　　　　2022年8月第2版
　 字数：273千字　　　　　　　2025年10月河北第10次印刷
　 著作权合同登记号　图字：01-2021-6149号

定价：69.80元
读者服务热线：(010)84084456-6009　印装质量热线：(010)81055316
反盗版热线：(010)81055315

推荐序 1

"面向对象是怎样工作的?"

大家会怎样回答这个问题呢? 也许有人会说"可以进行封装""能提高可重用性""可以使用框架"等, 或者给出诸如"面向对象在编程中已经很普遍了""面向对象什么的已经过时了"等回答。可能还会有人回答"面向对象在分析和设计等上游工程[①]中的应用才重要""如果不了解面向对象, 敏捷和测试驱动开发就无法推进了"。

本书的目的就是明确回答该问题。

到目前为止, 面向对象的书都偏重于过于简单的"理想观点", 而本书将基于开发现场的"实际观点"对这些书的内容进行补充。面向对象是具有实践性的思想, 现在需要的是"能够使用的面向对象", 而其关键就存在于软件开发的历史中。通过阅读本书, 大家就能够理解为什么面向对象作为一种编程技术, 会影响设计阶段和分析阶段的工作, 甚至整个软件开发流程。

在学习面向对象的过程中, 我自己喜欢将面向对象的设计总结为一些"模式"。在一次活动中, 我遇到了作者平泽先生。平泽先生告诉我, 为了将想要解决的现实问题整理为易于理解的形式, 建模是非常重要的, 而且无论多么难的项目, 重视人与人之间交流的开发现场都是非常重要的。平泽先生一直很重视实用性, 因此, 相比其他技术书爱用漂亮的技术术语和晦涩高深的表达, 本书更注重"是否可以实际使用""这是为什么"等实际问题。

通过阅读本书, 大家应该可以从 Java、Ruby 和 Python 等编程语言, 以及使用 UML 的设计等面向对象的"表象"中探索到更加朴素的"本

[①] 在日本, 业界通常把软件开发的前几个流程称为"上游工程", 主要包括需求分析、基本设计和功能设计等几个阶段, 而后续流程则称为"下游工程"。由于没有对应的中文叫法, 所以本书只是对这些术语进行了直译。——编者注

质"。理解表象对解决实际问题基本上没有什么帮助，希望大家把自己成长的目标设定为能够在实际项目中大展身手的工程师，并朝这个目标迈出自己坚实的一步。

Eiwa System Management 公司董事长

平锅健儿

推荐序 2

我和作者平泽先生是通过本书第 1 版相识的。在本书第 1 版出版时，我正在写作《你为什么不会使用 Java 进行面向对象开发》[①]。两本书的书名和主题都非常相似，再加上我们有共同的朋友，这些偶然因素的叠加造就了我们之间的缘分。从那之后，我和平泽先生就成了跨越立场和年龄的好友。

之后我们成了同事，一起承担了各种工作，其中印象最深的是我们一起策划并组织了新员工和年轻员工的技术培训。我们认真地讨论了"怎样才能把知识顺利地传达给别人"的问题，并精心打磨了培训课程、教材及编程方面的课题。在这一过程中，我见识了平泽先生"在将知识整理后传达给别人之前，自己先充分理解"的严谨态度。

在本书第 1 版写作期间，软件开发正经历着从结构化编程到面向对象编程的转变。另外，由于业务分析和设计等上游工程中也引入了面向对象的思想，所以大家不可避免地都需要了解面向对象。然而，面对大量术语和不透彻的解释，人们完全无法理解。在这种情况下，本书准确、全面地整理了面向对象的基础知识，为人们学习面向对象指明了道路。

在 15 年后的今天，面向对象已经成了一个非常普遍的概念，编程新手也都很自然地适应了面向对象的思想，所以与第 1 版出版时相比，本书似乎没有当初那么重要了。

然而，本书与其他相关图书的不同之处在于，本书不仅介绍了面向对象这一技术本身，还介绍了"理解面向对象的过程"，而这与"理解新技术的过程"是相通的。

面向对象已经成为常识，但时代还在向前发展。面对各种各样的需求，我们仅靠一种编程范式是远远不够的，组合各种思想的多重编程范式时代

---

① 原书名为《なぜ、あなたは Java でオブジェクト指向開発ができないのか》，目前（2022 年 3 月）暂无中文版。——译者注

已经到来。随着语言规范的增加，Java 中也新增了基于注解的声明式编程和面向切面编程，以及基于 Lambda 表达式的函数式编程。基于 Java 开发的 Kotlin 已兼具面向对象编程和函数式编程的结构。

在这个时代，软件工程师要想提高自身价值，除了面向对象编程之外，同时还要理解并熟练使用以函数式编程为代表的其他范式，这时本书所阐明的"理解新技术的过程"就派上用场了。所谓新的思想或技术，不过是现有知识的延伸，就算它实现了神奇的"魔法"，通过拆解其结构，我们也会发现其实它只是各种很简单的功能的叠加而已。本书第 2 版中增加了对函数式语言的讲解，非常适合已经初步掌握了面向对象的读者进行进一步的学习。正如本书介绍的那样，了解了技术背景和整体结构（就像面向对象一样），自然就能够理解该技术了。

《Web 技术从入门到专家》[①] 作者
小森裕介

---

① 原书名为《プロになるための Web 技術入門》，目前（2022 年 3 月）暂无中文版。——译者注

前　言

在 2000 年之后，使用面向对象编程语言的系统开发开始普及，Java、Python、C#、JavaScript、PHP 和 Ruby 均为面向对象编程提供了支持。框架、设计模式、UML 和敏捷开发等技术和开发方法被广泛使用。现在，面向对象已经不再是什么全新的技术了，但是对从事系统开发工作的人来说，却是一种必须充分理解并熟练运用的技术。

话虽如此，但由于面向对象涵盖了软件开发的较大范围，各项技术都很有深度，所以想要全面且深入地理解它并不容易。另外，面向对象也是一种容易因以对象为中心的概念和编程机制的鸿沟而产生混乱的技术。

本书将介绍面向对象的全貌及其包含的各项技术，即面向对象编程、框架、设计模式、UML、建模、面向对象设计和敏捷开发方法等。书中将重点介绍这些技术究竟是什么（What），以及为什么需要这些技术（Why），而对于如何使用各项技术（How），则只进行简要的说明。为了避免混乱，本书将面向对象分为下游工程的"编程技术"和上游工程的"归纳整理法"两方面进行叙述。大家在掌握了面向对象的全貌及其包含的各项技术的定位和目的之后，就能更深入地理解各项技术了。

本书第 1 版编写于 2003 年到 2004 年，当时企业信息系统的开发开始主要采用 Java 和 .NET 进行，在这种情况下，除了面向对象编程之外，UML 建模、设计模式和敏捷开发方法等也受到了关注，甚至还出现了"只要使用面向对象，就可以直接将现实世界表示为程序""面向对象与以往的技术完全不同，因此我们必须舍弃之前的方法和技术"等极端的说法。

很多人因为这样的极端说法而无法正确理解面向对象。我编写本书第 1 版的动机就是想告诉这些人："面向对象绝不是什么魔法技术，而是极具实践性的，且是以往的优秀开发技术的延伸。"

另外，我认为一开始接触的编程语言就是面向对象编程语言的人不会对面向对象的概念产生混乱。只不过对这些人来说，面向对象好像也不容易掌握。大家在刚开始学习编程时，理解 if 语句、for 语句和函数都很容易，而当学到面向对象编程时，面对突然出现的类、实例、构造函数、继承、多态和异常等结构，就会感到非常困难，相信现在很多人也有同感吧。

因此，第 3 版针对"面向对象原生时代"的读者进行了内容修订。第 1 版将重点放在了否定"面向对象是直接将现实世界表示为程序的技术"这一说法上，而第 3 版弱化了这种基调，从更加客观的角度讲解了面向对象难理解的原因。同时，笔者重新研读了所有内容，根据执笔时的现状进行了修改。

令人高兴的是，近年来对编程感兴趣的人越来越多，IT 技术人员这个职业的人气也比以前更高了。希望有更多的人能够享受需求定义、设计、编程和测试等充满智慧的软件开发工作。愿本书能对你有所帮助。

平泽章
2021 年 2 月

本书的结构

本书大致分为"导引""编程技术""应用技术""目标""特别讲解"5部分（请参考后文中的"本书中涉及的主要关键词"）。

导引
（第1、2、7章）

第1、2、7章是导引。

第1章是全书的导引，在说明面向对象是软件开发的综合技术的同时，也将介绍人们认为该技术较难的原因。

第2章是本书前半部分的导引。这里为了防止大家对第3章之后介绍的编程技术的理解出现混乱，特别指出面向对象的结构和现实世界是似是而非的。

第7章是本书后半部分的导引。这一章将介绍面向对象包括"编程技术"和"归纳整理法"两个方面，综合考虑这两个方面，就容易把握面向对象的全貌了。

编程技术
（第3~6章）

第3~6章将介绍编程技术，这是面向对象的核心。

第3章将回顾编程语言从机器语言到结构化语言的进化历史，并由此表明面向对象是在编程语言的发展历史中自然演变而来的，也是必然出现的。

第4章和第5章将讲解这部分的正题，即面向对象编程技术。

第4章将为大家介绍面向对象编程中最基本且最重要的结构——类、多态和继承，这些结构是提高软件可维护性和可重用性的有效技术。另外，这一章还将介绍许多面向对象编程语言中拥有的包、异常和垃圾回收机制等相关内容。

第5章将介绍使用面向对象编程语言编写的程序的运行机制，并通过大量插图重点介绍面向对象编程语言中典型的内存使用方法。

第6章将介绍面向对象编程语言的优良结构所带来的两项可重用技术：一项是软件本身的可重用，被称为类库、框架和组件的大规模可重用构件群就属于这部分内容；另一项是重用优秀思想的设计模式。在这些可重用技术中，类、多态和继承这3种结构会起到非常重要的作用，软件和思想的重用是相互促进、共同发展的。

第 8~11 章将介绍由编程引申出来的应用技术。

第 8 章将介绍统一建模语言（Unified Modeling Language，UML）。通过绘制 UML 图，我们能够将无形的软件结构和功能可视化。另外，即使是同一个图，在用于编程技术和归纳整理法时所表示的内容也会有很大不同。最后，我们还将介绍 UML 中与面向对象并无直接关系的用例图和活动图等。

第 9 章将介绍使用 UML 进行建模的相关内容。在这一章，我们首先确认计算机擅长的是"固定工作"和"记忆工作"。然后通过业务应用程序和嵌入式软件的例子，介绍在整理现实世界的工作并确定将哪些工作交给计算机处理时建模所

起的重要作用。

第 10 章将介绍面向对象设计的思想和技术窍门。首先介绍提高软件可维护性和可重用性的 3 个目标，然后介绍用于实现这些目标的技术窍门，即将无生命的软件拟人化，并进行职责分配。

第 11 章将介绍敏捷开发方法。首先介绍瀑布式开发流程和迭代式开发流程的区别，然后介绍轻量级迭代式开发流程中具有代表性的极限编程（eXtreme Programming，XP）和 Scrum。根据敏捷开发宣言，它们被称为敏捷开发方法。最后介绍测试驱动开发（Test Driven Development，TDD）、重构和持续集成这 3 种敏捷开发实践。

第 12 章是全书的总结。这里将回顾面向对象的过去，展望它的未来，说明该技术不会昙花一现。另外，我们还将介绍面向对象不仅能让软件开发工作变轻松，而且还会激发技术人员的求知欲，是一门非常有趣的技术。

附章将介绍函数式语言的基本结构。除了面向对象之外，最近许多编程语言还增加了函数式语言的结构。函数式语言的基本结构和思想与传统编程语言存在很大的不同。在附章中，我们会对函数式语言和传统编程语言进行对比，并具体介绍函数式语言的7个特征。

面向对象是怎样工作的
——本书中涉及的主要关键词

导引（面向对象的全貌和概念）

第1章 面向对象：让软件开发变轻松的技术

第2章 似是而非：面向对象与现实世界
面向对象的三大要素、现实世界

**编程技术
（OOP、框架、设计模式）**

第3章 理解OOP：编程语言的历史
机器语言、汇编语言、高级语言、结构化编程、GOTO语句、全局变量、局部变量

第4章 面向对象编程技术：去除冗余、进行整理
类、实例、实例变量、方法、多态、继承、包、异常、垃圾回收机制

第5章 理解内存结构：程序员的基本素养
编译器、解释器、虚拟机、线程、静态区、堆区、栈区、指针、方法表

第6章 重用：OOP带来的软件重用和思想重用
类库、框架、组件、设计模式

特别讲解（函数式语言）

附章 函数式语言是怎样工作的
函数、表达式、头等函数、高阶函数、部分应用、函数组合、副作用、延迟求值、模式匹配、类型推断

通过阅读本书，大家就会理解面向对象编程、框架、设计模式、UML、面向对象设计、敏捷开发和函数式语言！

第7章 化为通用的归纳整理法的面向对象
集合论、职责分配

应用技术
（UML、建模、设计、开发流程）

第8章 UML：查看无形软件的工具
UML、类图、时序图、通信图、用例图、活动图、状态机图

第9章 建模：填补现实世界和软件之间的沟壑
建模、业务分析、需求定义、业务应用程序、嵌入式软件

第10章 面向对象设计：拟人化和职责分配
内聚度、耦合度、依赖关系、拟人化

第11章 衍生：敏捷开发
瀑布式开发、迭代式开发、迭代、XP、Scrum、敏捷开发、TDD、重构、持续集成

目标

第12章 熟练掌握面向对象

各章的结构

内容分为"本章的关键词""热身问答""本章重点""正文""深入学习的参考书"几部分，还有若干个"专栏"。

●本章的关键词

提取出该章介绍的重要关键词。

●热身问答

在各章的开头部分设有简单的问题和答案。问题的内容都涉及该章的重要主题，因此，在阅读正文之前，请各位读者都试着挑战一下。

●本章重点

这是对正文内容的总结。在阅读正文之前，请先了解该章的主要内容和目的。

●正文

正文部分将以简明易懂的方式来介绍面向对象的各项技术。特别是对于重点内容，会根据需要汇总在方框或图表中，以帮助大家理解。

●深入学习的参考书

这里会介绍一些参考书以帮助读者加深对该章内容的理解，其中笔者添加了一些简单的注释，并根据自己的判断，将参考书分为 3 个等级（3 个☆最高），请各位读者参考。

●专栏

专栏分为 3 类："当今的 OOP"将介绍具有代表性的面向对象编程语言的特征；"编程往事"将介绍笔者年轻时的一些经历；"对象的另一面"以与正文不同的视角，来讲解面向对象这一概念普及的背景和原因。

目录

第4章 面向对象编程技术：去除冗余、进行整理   45

第5章 理解内存结构：程序员的基本素养   83

第 **10** 章

面向对象设计：拟人化和职责分配　　195

专栏　**当今的OOP**

第 **11** 章

衍生：敏捷开发　　213

专栏　**编程往事**

第 **1** 章

面向对象：
让软件开发变轻松的技术

在阅读正文之前，请挑战一下下面的问题来热热身吧。

问题

下列哪句话出自最早提出"面向对象"概念的艾伦·凯（Alan Kay）？

A. 程序模块、图标和数据库等万物都可以表示为对象

B. 正如万物都在变化，编程技术也在变化

C. IT 领域的创新技术基本上都出现于 1960 年之前

D. 预测未来最好的方法就是创造它

答案 ···

D. 预测未来最好的方法就是创造它

解　析 ···

　　面向对象的起源可以追溯到挪威的两名技术人员在 1967 年开发的 Simula 67 编程语言。之后，任职于美国施乐公司的艾伦·凯率领的团队开发了 Smalltalk，沿用了 Simula 67 语言的结构，确立了面向对象的概念。除此之外，凯在 IT 领域还做出了很多贡献，比如开发出图形用户界面（Graphical User Interface，GUI）、提出作为现代笔记本计算机原型的"DynaBook 设想"等。

　　"预测未来最好的方法就是创造它。"（The best way to predict the future is to invent it.）据说这句名言是公司高层追问研究内容的未来走向时，凯给出的回答。想必也只有提出了诸多创新性的技术概念的凯，才能讲出这样的名言吧。

**本章
重点**

　　本章将介绍面向对象的基本思想，以及面向对象所涉及的技术领域的全貌。

　　面向对象最初是作为一种编程语言提出的，后来人们将其不断扩展，并应用到各个领域，如今将其称为"软件开发的综合技术"可能更为合适。

　　遗憾的是，尽管这是一门非常优秀的技术，但很多人好像都认为它非常难。本章我们将分析造成这种局面的原因。

1.1　面向对象是软件开发的综合技术

　　我们先从一个简单的问题开始介绍。

　　"为什么要基于面向对象来开发软件？"

　　不管谁问这样的问题，笔者都会这样回答：

　　"为了轻松地开发软件。"

　　可能有的人听到"轻松"二字会感觉很意外。这是因为当提到面向对象时，不少人仍感觉"很难，难以对付"。

　　面向对象包含的技术几乎涵盖了从 Java、Python 等编程语言到需求规格说明书和设计内容的图形表示、可重用的软件构件群、优秀设计的技术窍门、业务分析和需求定义的有效推进方法、顺利推进系统开发的开发方法等软件开发的所有领域。

　　不过，这些技术单独来看是完全不同的。如果要找出它们的共同点，大概就是它们都是软件开发相关的技术，都是用来顺利推进软件开发的。

　　因此，如果用一句话来概括面向对象，那就是"能够轻松地进行较难的软件开发的综合技术"。

1.2　以对象为中心编写软件的开发方法

面向对象的英文是 Object Oriented，直译为"以对象为中心"。

在面向对象普及之前，主流的开发方法是"面向功能"的，具体地说，就是把握目标系统整体的功能，将其按阶段进行细化，分解为更小的部分。如果采用面向功能的开发方法来编写软件，当规格发生改变或者增加功能时，修改范围就会变得很广，软件也很难重用。

面向对象技术的目的是使软件的维护和重用变得更容易，其基本思想是重点关注各个构件，提高构件的独立性，将构件组合起来，实现系统整体的功能。通过提高构件的独立性，当发生修改时，能够使影响范围最小，在其他系统中也可以重用。

1.3　从编程语言演化为综合技术

面向对象最初是以编程语言的身份出现的，在之后的 40 多年里，经过不断发展，逐渐被应用到了开发的各个领域。这里我们来简单回顾一下面向对象的全貌和发展过程，如图 1-1 所示。

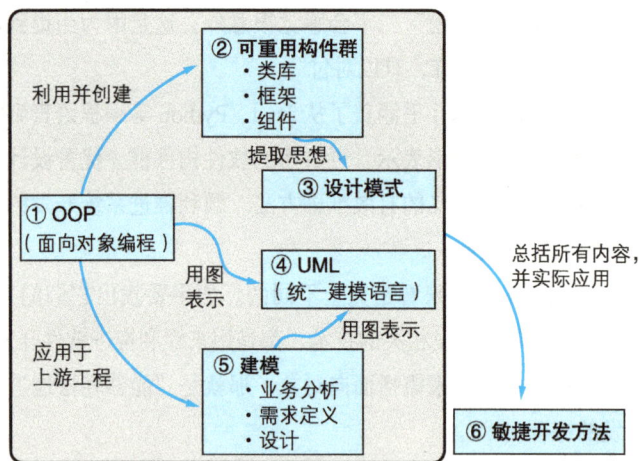

图 1-1　面向对象的全貌和发展过程

面向对象起源于 1967 年在挪威开发出来的 Simula 67 编程语言。该语言拥有类、多态和继承等以往的编程语言中没有的优良结构，被称为最早的**面向对象编程**（Object Oriented Programming language，OOP[①]）**语言**。后来，艾伦·凯率领的团队开发的 Smalltalk 沿用了该结构，确立了"面向对象"的概念。此后，具有相同结构的 C++、Objective-C、Java、C#、Python 和 Ruby 等诸多编程语言被开发出来，并延续至今。

OOP 使得大规模软件的可重用构件群的创建成为可能，这些构件群被称为**类库**或者**框架**。另外，创建可重用构件群时使用的固定的设计思想被提炼为**设计模式**。

另外，使用图形来表示利用 OOP 结构创建的软件结构的方法称为**统一建模语言**（Unified Modeling Language，UML）。在此基础上，还出现了将 OOP 思想应用于上游工程的**建模**，以及用于顺利推进系统开发的**敏捷开发**。

如今，面向对象已经成为一门覆盖软件开发所有领域的综合技术。虽然这些技术所涉及的领域和内容并不相同，但目的都是顺利推进软件开发。因此，通过以各种形式灵活运用前人的研究和技术窍门，有助于我们提高软件的质量和开发效率。

1.4　面向对象难的原因

尽管面向对象是众多优秀技术的集大成，却经常被认为很难理解，难以对付。也有人认为不擅长抽象思考的人在学习面向对象时会感觉很难，要经过很多年才能掌握，等等。不管是多么方便的工具，如果很难理解其内涵，无法熟练使用，那就没有意义了。

关于面向对象被认为很难的原因，这里分为三点进行讲解。

---

① 严格来说，正确的表达方式是，将面向对象编程语言（Object Oriented Programming Language）称为 OOPL，使用 OOPL 进行编程的操作称为面向对象编程（OOP）。不过，在本书中，在未严格区分面向对象编程语言和面向对象编程时，表述为 OOP。

1.5 原因之一：OOP 结构复杂

第一个原因是 OOP 结构很复杂。

面向对象之前的编程语言的结构都比较简单，只要掌握了运算符、全局变量、局部变量、条件分支、循环和子程序（或函数），基本上就可以理解这些编程语言的结构了。这些编程语言都是直接访问 CPU 和内存的结构，因此，我们想象一下计算机的动作就很容易理解它们。

而 OOP 中增加了许多结构，基本的结构就有类、实例、实例变量、方法、构造函数、继承、超类、子类、多态、包、异常和垃圾回收等（图 1-2），其中的许多结构很难让人想象其在计算机中的动作，因此，编程新手需要花费很长时间来理解并熟练使用所有的结构。

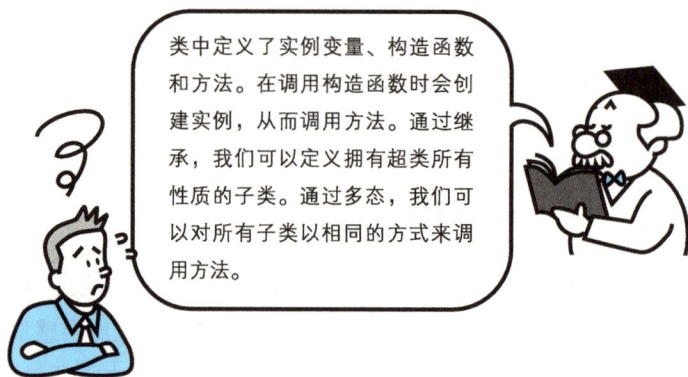

> 类中定义了实例变量、构造函数和方法。在调用构造函数时会创建实例，从而调用方法。通过继承，我们可以定义拥有超类所有性质的子类。通过多态，我们可以对所有子类以相同的方式来调用方法。

图 1-2 OOP 中包含许多结构

1.6 原因之二：滥用比喻引起混乱

第二个原因是**使用比喻进行讲解容易引起混乱**。比喻引起的混乱与其说是技术本身的问题，不如说是讲解方法的问题。OOP 结构经常被比作现实世界，像下面这样进行讲解（图 1-3）。

> "动物是超类，哺乳类和鱼类是子类。既产卵又用乳汁哺乳幼仔的鸭嘴兽也就相当于爬虫类和哺乳类的多重继承。"
> "人具有'出生年月日'的属性。如果给小王这样具体的一个人发出'请告诉我你的年龄'的消息，就会得到'28 岁'的回答。"
> "正如医院里的医生、护士和药剂师互相联系、协同工作一样，对象也是通过在计算机中互相发送消息来进行工作的。"

图 1-3　对各种比喻感到混乱的开发者

这样的讲解会让人感到 OOP 结构很复杂，但是，如果只进行这样的讲解，那么就只有比喻能给人留下深刻的印象，而 OOP 在实际编程中的便利性就难以传达了。

1.7　原因之三：面向对象的概念是抽象的

第三个原因是面向对象的**概念是抽象的**。

正如第一个原因所说的那样，OOP 的结构十分复杂，而"以对象为中心"的概念十分简单，很容易理解。这个概念的应用范围很广，现实世界的人、组织、事件、计算机系统的功能、系统管理的信息和程序的构成要素等都可以说是对象（图 1-4）。

图 1-4　把一切都当作对象

　　因此，这个概念除了应用于软件设计和编程之外，也开始应用于需求定义、业务分析和企划等上游工程。这是将面向对象的思想贯穿整个软件开发流程的开发方法，在面向对象开始普及的 20 世纪 90 年代，许多面向对象的分析和设计方法论被提出[①]。另外，由于 OOP 结构与现实世界的情形非常相似，所以还出现了一种思想，认为可以使用面向对象来整理现实世界的情形，直接将现实世界表示为程序。

　　但是，这种思想中存在容易混淆的陷阱。虽然 OOP 结构与现实世界

---

① 在这些面向对象的分析和设计方法论中，具有代表性有 OMT 方法、Booch 方法、OOSE 方法、Martin-Odell 方法、Shlaer-Mellor 方法和 Fusion 方法等。

的情形有很多相似之处，但并不是完全相同。另外，现实世界的人们与计算机上的软件的工作范围在很多情况下是不一样的，因此，使用面向对象来整理人们的工作并直接表示为程序，这实际上是很难实现的。

现实世界的情形与 OOP 结构似是而非，具有哲学意味的面向对象的概念虽然很有魅力，但是会让人难以理解其实际情况，容易引起混乱。

1.8 重点讲解"是什么"和"为什么"

本书的目标是用清晰的逻辑向读者介绍面向对象所涉及的各项技术。不过，本书并不会详细讲解 Java 等编程语言的语法和 UML 等各项技术的用法，而是重点讲解这些技术是什么（What），以及为什么需要这些技术（Why）。

考虑到前面介绍的面向对象难以理解的原因，本书将采取如下方针。

- 关于 OOP 结构，将基于编程语言的进化史详细介绍其优点
- 将最小限度地使用比喻进行讲解。在使用比喻的情况下，会明确其主旨
- 将编程的结构和"以对象为中心"来把握事物的思想作为不同的内容分开介绍

1.9 本书的构成

本书大致分为两部分来讲解面向对象，前半部分介绍编程技术，后半部分介绍从编程技术派生出来的应用技术（图 1-5）。

前半部分包括第 2 章到第 6 章的内容，这一部分将为大家介绍面向对象的编程技术的相关知识。首先在第 2 章指出现实世界和 OOP 结构是似是而非的，接着，在第 3 章回顾 OOP 之前的编程语言的历史之后，再介绍 OOP 的基本结构——类、多态和继承（第 4 章）。然后介绍 OOP 运行时的机制（第 5 章），以及 OOP 的发展所带来的可重用构件群和设计模式这两种可重用技术（第 6 章）。

上游工程　　　　　　　　　　　　　　　　下游工程

```
建模
（业务分析、需求定义、设计）
第7、9、10章

OOP
（面向对象编程）
第2~5章

设计模式
第6章

可重用构件群
（类库、框架、组件）
第6章

UML
（统一建模语言）
第8章

敏捷开发方法
第11章

上游工程　　下游工程　　共同
```

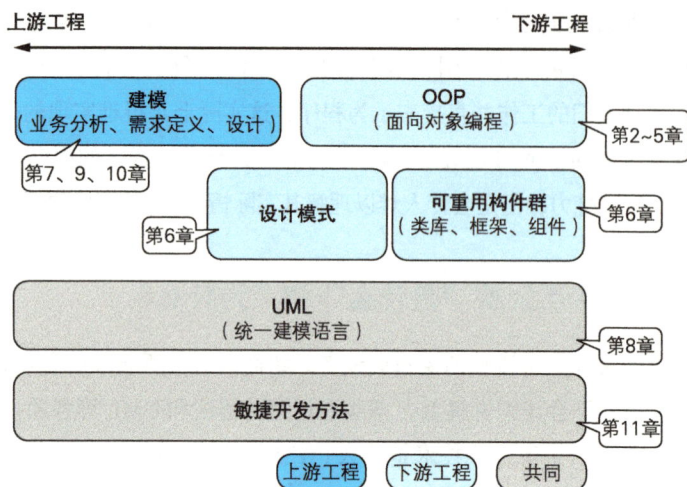

图 1-5　面向对象的全貌和本书的构成

　　后半部分包括第 7 章到第 11 章的内容，这一部分将为大家介绍面向对象的应用技术。我们将首先介绍 OOP 结构在应用于上游工程时化为表示集合论和职责分配的归纳整理法的现象（第 7 章）。接着介绍用图形表示软件功能的 UML（第 8 章）、支持业务分析和需求定义的建模（第 9 章）、面向对象设计（第 10 章），以及与面向对象的普及共同发展的敏捷开发方法（第 11 章）。

　　之所以这样安排章节，是因为考虑到了逐个理解面向对象所涉及的各项技术时的步骤，而这也基本上符合面向对象演化的过程。

　　附章将对函数式语言进行介绍。除了面向对象之外，最近许多编程语言还支持函数式语言的结构，因此，我们将介绍函数式语言的基本结构和思想。

　　对本书结构的介绍就到此为止，下面我们将进入具体内容的学习。

　　笔者将从重新考虑"面向对象是直接将现实世界表示为软件的技术"这一常见的说法开始讲起。接下来就让我们一起进入第 2 章吧！

当今的OOP

易上手、有深度的 Python

如今，Python 深受人们的欢迎。在 21 世纪初的人工智能热潮中，Python 因包含丰富的机器学习库而开始受到广泛关注。另外，在编程教育得到重视这一背景下，Python 也因其语法对初学者来说非常容易理解而备受欢迎。

Python 的语法直观易懂，能够让每个人编写的程序看起来都大致一样。具体来说，Python 程序的控制结构不使用 Java 和 C 语言中的花括号（{}）和分号（;），而是使用缩进来体现。因为这一功能类似于足球比赛中的越位线，所以被称为越位规则。通过遵循越位规则，Python 程序实现了简洁、统一（代码清单 1.a）。

* * *

虽然 Python 对初学者来说非常容易上手，但是它也是一门面向对象编程语言。

Python 教程一般会从"Hello, world"的示例开始，依次讲解变量与类型、运算符、条件分支、循环、函数和容器，然后讲解类与实例、方法、超类与子类、重写等面向对象的结构。

代码清单1.a 越位规则示例(FizzBuzz问题)

```
for i in range(1, 101):
    if i % (3 * 5) == 0:
        print("FizzBuzz")
    elif i % 5 == 0:
        print("Fizz")
    elif i % 3 == 0:
        print("Buzz")
    else:
        print(i)
```

掌握 Python

Lambda 表达式

继承

函数

类

循环

条件分支

变量与类型

Python 与 Java 不同，也可以定义不属于类的函数和全局变量。不过，Python 中的数值、字符串和布尔值等数据类型都是类，各个数据值是实例。Python 提供的列表、元组、集合和字典等容器类型的数据结构实际上也都是类。Java 使用 List、Set 和 Map 等集合类（及数组）来提供这些数据结构，而 Python 的设计则是让人们意识不到这些结构都是类。

使用 Python 编写的库大多采用了类库的形式，许多库还灵活运用了设计模式。

另外，Python 还支持函数式语言的结构。列表和元组操作中常用的 map 函数和 filter 函数的第一个参数就是函数式语言中的头等函数，通常写为 Lambda 表达式。

＊ ＊ ＊

像这样，Python 的语法对初学者来说非常容易上手，同时它也是一门非常深奥的编程语言。因此，为了使用 Python 编写大型程序或熟练使用既有的库，我们必须充分理解面向对象编程语言，同时还要掌握函数式语言的基础知识[1]。

---

① 第 4 章将讲解面向对象编程语言的结构，附章将讲解函数式语言的结构。

第**2**章

似是而非：面向对象与现实世界

热身问答

在阅读正文之前，请挑战一下下面的问题来热热身吧。

问题 ···

下列哪一项是"NODM"的正确解释？

A. 20 世纪 60 年代出现的 Simula 67 之前的编程语言的名称

B. 活跃于 20 世纪 70 年代的超级程序员的昵称

C. 20 世纪 80 年代日本作为国家工程推进的人工智能研究工程的简称

D. 20 世纪 90 年代在 IT 领域流行的表示企业系统发展方向的词语

答案

D. 20 世纪 90 年代在 IT 领域流行的表示企业系统发展方向的词语

解析

据笔者所知，并没有名为 NODM 的编程语言或著名程序员。另外，20 世纪 80 年代日本作为国家工程推进的人工智能研究工程的名称是"新一代计算机技术研究所"（Institute for New Generation Computer Technology），简称"ICOT"。

NODM 由网络（Network）、开源（Open source）、小型化（Down-sizing）和多媒体（MultiMedia）这 4 个单词的首字母组成[①]，该词在日本 20 世纪 90 年代前半期的 IT 领域广为流行。不过，随着互联网的普及，NODM 所代指的技术都逐渐成了通用技术，因此该词自然也就不再被使用了。

这种表示业界趋势的词语通常被称为"潮词"（buzzword）。20 世纪 90 年代后半期到 21 世纪初，"面向对象"也作为一个潮词被经常使用，其含义是"能比以往更大幅度地提高生产率和可维护性的技术"或者"直接将现实世界的情形表示为软件的创新技术"。

---

① 　也有说"O"指面向对象（Object oriented），"M"指多厂商（Multivendor）。

使用比喻可以形象地表现 OOP 结构，但如果只使用比喻进行讲解，就无法充分表现 OOP 在实际的软件开发中的作用。如果过于强调编程结构与现实世界的情形的共同点，大家可能会想："是否可以将在下游工程中创建的软件构件和在上游工程中整理的现实世界的事物等同视之呢?"从而造成混乱。

本书的立场是：下游工程的编程技术和上游工程的归纳整理法是似是而非的。从下一章开始，我们将介绍面向对象的各项技术，并将编程技术和归纳整理法分开进行介绍。在介绍各项技术之前，本章先讨论一下使用比喻进行讲解的"功过"。

2.1 对照现实世界介绍面向对象

接下来，我们首先像以往那样对照着现实世界来解释面向对象的三大要素——类（封装）、多态和继承。

请大家在阅读的同时考虑一下有没有什么奇怪的地方。之后我们会介绍面向对象的结构与现实世界有何不同，在此先让我们一起来思考一下。

另外，讲解中会用到 Java 示例代码，但由于本书的目的并不是讲解 Java 的语言规范，所以并不会对其进行详细介绍。不了解 Java 的读者可以试着根据注释来理解代码的内容。

2.2 类指类型，实例指具体的物

我们先从介绍类开始吧。

类是面向对象的最基本的结构，与其对应的概念是实例[1]，大家最好同时记住这两个概念。类的英文是 class，含义是"种类""类型"等"同

①　"实例"有时也称为"对象"，但本书中统一称为"实例"。

类物品的集合"。实例的英文是 instance，含义是"具体的物"。类指类型，实例则指具体的物，二者的关系就相当于数学集合论中的集合和元素一样。

这样的关系在现实世界中也很常见。

狗：斑点狗、柴犬、牧羊犬……
国家：中国、日本、韩国、美国、英国……
歌手：迈克尔·杰克逊、矢泽永吉……

接下来，我们再来介绍一下编程。

在面向对象中，我们通过定义类来编写程序。当程序运行时，从定义的类创建实例，通过它们之间的交互来实现软件的功能。这与在现实世界中，通过人与物的交互来完成工作的原理非常相似。

我们来看一个具体示例，使用 Java 编写在前面的例子中列举的狗类。我们首先对狗类进行定义（代码清单 2.1）。

代码清单2.1　狗类的示例代码

```
// 狗类的定义
class Dog {
  String name; // 名称
  Dog(String name){ // 构造函数（创建实例时执行）
    this.name = name;
  }
  String cry(){ // 被命令时发出"汪"的叫声
    return "汪";
  }
}
```

使用该狗类可以创建出两只狗，并让其发出"汪"的叫声（代码清单 2.2）。

代码清单2.2 让两只狗叫的示例代码

```
// 创建两只狗
Dog pochi = new Dog("斑点狗");
Dog taro = new Dog("柴犬");
// 让斑点狗和柴犬叫，并输出结果
System.out.println(pochi.cry());
System.out.println(taro.cry());      } (1)
```

代码清单 2.2 中的 (1) 处编写的 cry() 称为**方法**。调用该方法与向对方发消息来分配工作的情形相似，所以称为**消息传递**（message passing）。

执行代码清单 2.2，系统控制台上会显示两次"汪"[①]。

这就像跟现实世界的狗说"抬爪子！"一样（图 2-1）。

图 2-1 使用比喻来介绍消息传递

2.3 多态让消息的发送方法变得通用

第二个要素是多态。

也许大家对**多态**（polymorphism）一词不太熟悉，其英文含义为"变为各种形式"，通常翻译为"多态""多相"等。

---

① 实际上，为了编译并执行代码清单 2.2 的代码，我们还需要在"主人"类中编写相应的处理，这里省略了此内容。

如果用一句话来表示该结构，就是"让向相似的类发送消息的方法通用的结构"，也可以说是"发送消息时不关心对方具体是哪一个类的实例的结构"。

将该结构比作现实世界，可以做出如下说明：在前文的示例中，当向狗发送 cry 的消息时，会得到"汪"的响应；如果接收该消息的是婴儿，则会"哇"地哭；如果是乌鸦，则会发出"呱"的叫声（图 2-2）。

图 2-2 使用比喻来介绍多态

让我们来试着编写一下程序。首先定义全体共用的 Animal（动物）类（代码清单 2.3）。

代码清单2.3 动物类

```
class Animal {  //   动物类
  abstract String cry();  // 在此不定义具体的叫声
}
```

由于动物分为很多种，所以我们无法定义具体的叫声。因此，这里只定义接收 cry 消息，而不定义具体的动作。接下来，我们定义婴儿、狗和乌鸦等具体的类（代码清单 2.4）。

代码清单2.4　定义婴儿、狗和乌鸦类

```
class Baby extends Animal {  // 婴儿类（继承动物）
  String cry(){
    return "哇";  // "哇" 地哭
  }
}
class Dog extends Animal {  // 狗类（继承动物）
  String cry(){
    return "汪";  // "汪" 地叫
  }
}
class Crow extends Animal {  // 乌鸦类（继承动物）
  String cry(){
    return "呱";  // "呱" 地叫
  }
}
```

在代码清单 2.4 中声明类名的地方，extends Animal 是继承的声明，表示该类是一种动物（关于继承，我们将在下一节详细介绍）。

这样，我们就完成了多态的准备工作。

多态是一种方便消息发送者的结构。在上面的例子中，不管对方是谁，指示者都可以发出同一个指示——cry。

下面，我们来定义教练（Trainer）类，不管对方是谁，都向其发送 cry 的指示（代码清单 2.5）。

代码清单2.5　教练类

```
class Trainer {  // 定义教练类
  void execute(Animal animal){ // 参数是动物
    // 让对方哭（叫），并输出结果
    System.out.println(animal.cry());
  }
}
```

仅此而已，非常简单。

这里的重点在于，execute 方法的参数是 Animal（动物）类的实例。这样一来，不管对方是婴儿还是狗、乌鸦，都没有关系。

2.4　继承对共同点和不同点进行系统的分类和整理

最后一个要素是继承。

用一句话来表示**继承**，就是"系统地整理物的类型的共同点和不同点的结构"。在面向对象中，"物的类型"就是类。因此，换一种表达方式，也可以说继承是"整理相似的类的共同点和不同点的结构"。

我们在前面介绍过，类和实例相当于集合和元素，而继承则相当于全集和子集。

现实世界中也可以看到很多这样的关系，如图 2-3 中的动物分类。动物分为哺乳类、鸟类、昆虫类、爬虫类、两栖类和鱼类等，这些类又可以细分为很多种。

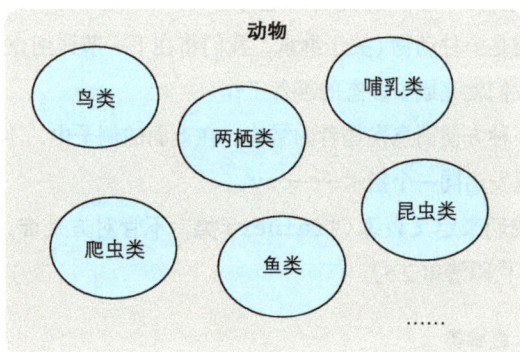

图 2-3　动物分类

在面向对象中，全集被称为**超类**，子集被称为**子类**（这与数学集合论中的超集和子集的称呼相似）。

不仅限于动物的分类体系，这种继承关系似乎还可以应用于现实世界中的各种情况（图 2-4），比如将医生分为内科医生、外科医生、眼科医生和牙科医生等，将公司职员分为营业人员、技术人员和办公人员等。

图 2-4 使用比喻来介绍继承

我们接着来介绍一下编程。

Java 等面向对象编程语言中可以直接描述继承。具体来说，在超类中定义全集共同的性质，在子类中定义子集特有的性质，这样我们就可以不用重复定义非常相似的、只存在细微差别的类的共同点和不同点了。像这样将共同的性质定义在超类中，再创建子类就很轻松了。

我们来试着写一下动物分类的程序。如代码清单 2.6 所示，这里定义了 Animal（动物）、Mammal（哺乳类）和 Bird（鸟类）三个类。Mammal 类和 Bird 类的定义中的 extends Animal 是继承 Animal 类的声明。这样一来，Animal 类中定义的性质（这里是 move() 和 cry() 两个方法）也会自动定义到 Mammal 类和 Bird 类中。

代码清单2.6 继承的示例代码

```
// 动物类
class Animal {
  void move(){ /* 省略逻辑处理 */ }   // 行动
  String cry(){ /* 省略逻辑处理 */ }   // 哭（叫）
}
// 哺乳类（继承动物类）
class Mammal extends Animal {
  void bear(){ /* 省略逻辑处理 */ }    // 生育
}
// 鸟类（继承动物类）
class Bird extends Animal {
```

```
void fly(){ /* 省略逻辑处理 */ }  // 飞
}
```

也就是说，"行动""哭（叫）"等共同的性质定义在动物类中，而特有的"生育"性质则定义在哺乳类中，"飞"的性质定义在鸟类中。

2.5　使用比喻进行讲解容易造成混乱

至此，我们参照现实世界，介绍了类、多态和继承等面向对象的三大要素。大家感觉如何？

这样讲解可以形象地表现 OOP 结构。

不过，如果过于强调比喻，那么就只有比喻能给人留下深刻的印象，而 OOP 作为编程语言的便捷性和使用场景就难以传达了。这会让人认为现实世界与 OOP 结构非常相似，可以使用面向对象整理上游工程，直接将现实世界表示为程序。

而实际上，如果大家像营业员对象和顾客对象交易商品对象那样去编写软件，那么这样编写出来的软件基本上无法正常运行。对于设计模式和类库等从编程派生出来的技术，也无法通过和现实世界进行对比来解释。如果将所有概念都对应到现实世界来理解，势必就会感觉面向对象难以掌握，十分混乱。

2.6　面向对象和现实世界是似是而非的

实际上，面向对象和现实世界是似是而非的。下面我们就来具体地看一下它们到底有何不同。

首先是类和实例。我们在前面介绍过，类指类型，而实例指具体的物，并列举了现实世界的例子，即狗是类，斑点狗和柴犬是实例。到此为止并没有什么问题，但接下来就出现问题了。

我们再来看一下代码清单 2.1 和代码清单 2.2。在面向对象的世界中是先创建类，然后再创建实例的。

　　然而，在现实世界中，狗崽当然是由母狗生的，而不是从狗类创建的。

　　基本上，在面向对象和现实世界中对类的定位有很大不同。面向对象中的类是用来创建实例的结构，实例只属于一个类[①]。而在现实世界中，首先有具体的物（实例），然后再根据观察该物的人的立场和兴趣而采用不同的基准进行分类（类）。

　　消息传递与现实世界的情形也不完全一样。在前面介绍多态时我们曾提到过，如果发送"哭（叫）"的消息，婴儿就会"哇"地哭，狗会"汪"地叫，乌鸦会"呱"地叫。而实际上，现实世界中的人和动物是按照自己的意愿哭（叫）的，并不一定会按照对方的"哭（叫）"指示来行动。

　　在面向对象的世界中，我们需要事先为所有的动作都准备好方法，并通过消息传递来调用方法，这样程序才会顺利执行动作。这个世界中的规则就是"不违背指示"[②]。

2.7　明确定义为编程结构

　　这里介绍的类、多态和继承应该被明确定义为能够提高软件的可维护性和可重用性的结构。类用于将变量和子程序汇总在一起，创建独立性高的构件；多态和继承用于消除重复代码，创建通用性强的构件。另外，实例能在运行时将实例变量在堆区展开。熟练掌握这些结构，我们就可以创建出比以往更易于维护的、可重用的软件。

　　为了避免混乱，这里明确一点，那就是仿照现实世界进行的讲解只是一种比喻，大家应该按照编程结构来理解。关于这些结构在编程中的功能，我们将在第 4 章中详细讲述。关于运行时的结构，我们将在第 5 章中具体介绍。

----

① 某个实例（无继承关系）可以属于多个类的现象称为"多重分类"，可以改变某个实例所属的类的现象称为"动态分类"，面向对象编程语言基本上不支持多重分类和动态分类。在 JavaScript 等基于原型的面向对象编程语言中，即使没有类也可以创建实例。详细内容请参考第 10 章的专栏。

② 代理技术可以打破面向对象的这种被动性质的限制，主动构建软件。目前"面向代理"的技术受到广泛关注，不过至今尚未出现具体实现该概念的编程语言。

2.8 软件并不会直接表示现实世界

根据到目前为止的讲解，有的读者可能会想："我现在明白面向对象和现实世界不一样了，但它们又的确非常相似，难道不能采用适当的形式来表示现实世界吗?"

实际上，这里还存在一个应该讨论的内容，那就是系统化的范围，即软件能在多大程度上涵盖现实世界的工作。

从结论上讲，软件基本上只能涵盖人类工作的一部分。计算机擅长做**记忆工作**和**固定工作**，能记录并在瞬间提取出大量的信息，能正确执行工资计算或者利息计算等具有固定步骤的处理。由于软件仅涵盖这种性质的工作，所以即使使用了计算机，许多工作也还是需要由人来完成。计算机根本无法完全顶替人来完成现实世界的工作，因此，讨论面向对象是否会直接将现实世界表示为程序本身就是毫无意义的。关于该主题，我们将在第 9 章中详细讨论。

2.9 与现实世界的相似增大了可能性

本章介绍了面向对象与现实世界是似是而非的。这是妨碍大家理解面向对象的主要原因，但同时也是扩展该技术可能性的原动力。

面向对象之所以能够应用于业务分析、需求定义等上游工程，其中一个原因就在于类、实例、继承和消息传递等结构与现实世界的情形非常相似。另外，面向对象的概念激发了人们的想象力，有些人开始想将其扩展到哲学和认识论上。在实际的软件开发领域，出现了使用 OOP 结构的框架和类库等大规模的可重用构件群，还诞生了设计模式等优秀的思想。它们浑然一体，展示着面向对象概念的魅力，同时自身也成了 IT 领域的潮词。另外，关于框架和设计模式等因 OOP 而成为可能的可重用技术，我们将在第 6 章中进行讨论。关于面向对象被作为归纳整理法应用的相关内容，我们将在第 7 章中介绍。

对象的另一面

成为潮词的面向对象

在 IT 领域，每年都会诞生一些表示技术趋势的新词，其中，在 2000 年之后流行的词语有"普适""Web 2.0""BPM""网格计算""SaaS""SOA"和"云计算"等。

这种词语通常被称为"潮词"（buzzword）。英语单词"buzz"是形容蜜蜂或者机器发出的嗡嗡声的词汇，包含"令人生厌""刺耳"的语气。

潮词具有开拓市场的作用。由于抓住了潜在需求和技术可能性的词语会吸引客户的注意，所以厂商会将其用于产品或者服务的营销上，活动策划公司会将其用作研讨会的主题，媒体也会通过出版物进行传播。如果这些活动开展得比较热烈，那么相关的产品和服务也会变得丰富起来，同时能吸引更多客户的注意，甚至还催热整个行业。

不过在很多情况下，潮词的寿命并不会太长，大多只有半年左右，能持续 3 年的就已经算是寿命很长的了。

潮词的寿命取决于其概念的魅力，同时还取决于技术的成熟度。就像我们在第 2 章的热身问答中为大家介绍的"NODM"那样，随着所涉及的技术的广泛普及，有些潮词的寿命就结束了。另外，像"人工智能"那样，有的潮词则根据技术的发展情况，时而备受瞩目，时而又从大众视野中消失。

* * *

"面向对象"也可以算作一个潮词，它是 20 世纪 60 年代出现的一门古老的技术，在 2000 年以后，随着 Java 和 .NET 等 OOP 开始在企业系统开发领域发挥重要作用，"面向对象"有时也被用于市场营销或者销售等用途。

面向对象是涵盖编程语言和设计手法等的开发技术，主要服务于"创建系统的人"。由于它并不会给"使用系统的人"直接带来好处，所以作为面向企业用户的市场营销术语来说

吸引力并不是很强。

而对于很多"创建系统的人"（开发者）来说，该词则具有极大的魅力。类、继承等独特的结构，以及将 Smalltalk、Java 中的 Object 类作为祖先类的类库等，这些在习惯了以往的编程环境的人看来都非常新奇。另外，设计模式、UML 建模和敏捷开发方法等也让很多开发者非常感兴趣。具有哲学意味的"面向对象"概念通过扩展其应用领域，使人越发难以把握其全貌。

在这种情况下，也有一些为开发者提供产品和服务的人将"面向对象"用作营销术语，赋予其"魔法技术"的含义。

笔者认为，"面向对象是直接将现实世界表示为软件的技术"这种解释，也许源于开发者在最初接触该技术时产生的惊奇之情，之后便夹杂着各类人群的利益得失和困惑等而不断流传下来。

第 3 章

理解 OOP：编程语言的历史

热身问答

在阅读正文之前，请挑战一下下面的问题来热热身吧。

问题

下列哪一项是在 20 世纪 60 年代后半期 NATO（北大西洋公约组织）召开的国际会议中声明的"软件危机"的内容？

A. 20 世纪末，从事计算机相关工作的人口数量会增加，而从事农业和水产业的人口数量则会减少，因此粮食危机会变得很严重

B. 20 世纪末，即使全人类都成为程序员，也无法满足日益增长的软件需求

C. 20 世纪末，全世界的计算机都会联网，而计算机病毒带来的危害将变得很大

D. 20 世纪末，软件的非法复制将横行，这将导致版权销售业务进展不下去

答案 ···

B. 20 世纪末，即使全人类都成为程序员，也无法满足日益增长的软件需求

解 析 ···

"软件危机"（software crisis）是指人类的供给能力满足不了日益增长的软件开发需求的状况，这一概念是 1968 年 NATO 在联邦德国召开的国际会议中提出的。

在同一时期，"软件工程"（software engineering）一词也被创造出来，对高效开发高质量软件的各种手法和编程技巧的研究成了一门学问。

另外，由于"软件工程"一词具有很强的学术气息，所以本书多使用"软件开发技术"一词。

虽然笔者也想立刻就开始对OOP（Object Oriented Programming，面向对象编程）进行讲解，但是在这之前，还是先介绍一下OOP出现之前的编程语言吧。

OOP 的结构非常简练，但也非常复杂，因此理解其结构及用途并不简单。不过，理解 OOP 也有捷径可循，那就是先掌握在 OOP 之前产生的编程技术能够实现什么、存在哪些限制。

因此，本章将介绍从机器语言到汇编语言、高级语言和结构化语言的编程语言进化史。格言说得好，"欲速则不达""温故而知新"。相信大家一定会有新的发现。

3.1　OOP 的出现具有必然性

OOP 在刚开始普及时，经常被介绍为"与以往的编程语言完全不同的、全新的开发技术"。而实际上，OOP 是以在它之前出现的编程技术为基础的，用于弥补这些技术的缺陷。也可以说在不断改进编程技术的历史中，OOP 的出现具有必然性。此外，面向对象框架内涵盖的其他技术也是对 OOP 的发展和应用，是之前优秀的开发技术的延伸。

因此，在开始介绍 OOP 结构之前，本章将简单回顾在 OOP 之前出现的编程语言以及从机器语言到结构化语言的进化史。如果大家能够充分理解该历史，就一定能明白面向对象是一门有助于高效创建高质量程序的实用技术。

3.2　最初使用机器语言编写程序

计算机只可以解释用二进制数编写的**机器语言**。并且，计算机对机器语言不进行任何检查，只是飞快地执行。因此，为了让计算机执行预期的工作，最终必须有使用机器语言编写的命令群。幸好现在有 Java、C 语言、

COBOL、FORTRAN、Python 和 PHP 等编程语言，程序员才基本无须在意机器语言。不过，在计算机刚刚出现的 20 世纪 40 年代是没有这么方便的编程语言的，程序员必须亲自用机器语言一行一行地编写程序。

代码清单 3.1 是使用机器语言编写的、用十六进制数表示的程序示例。

代码清单3.1　使用机器语言编写的程序示例

```
A10010
8B160210
01D0
A10410
```

这里只编写了能执行极其简单的算术计算的命令，但是我们却看不出来这写的是什么。在计算机诞生初期，只有极少数掌握这种机器语言的超级程序员能操作计算机。顺便提一下，当时的计算机使用真空管制造，体积非常庞大，据说在制造计算机之前要先建造存放计算机的建筑。即便如此，当时的计算机的性能却比如今低得多。在现在这个时代，想必再怎么用机器语言编写程序也不够用吧。

3.3　编程语言的第一步是汇编语言

为了改善这种低效的编程，**汇编语言**就应运而生了。汇编语言将无含义的机器语言用人类容易理解的符号表示出来。如果我们使用汇编语言改写代码清单 3.1 的程序，就会得到如下的代码清单 3.2。

代码清单3.2　使用汇编语言编写的程序示例

```
MOV    AX, X
MOV    DX, Y
ADD    AX, DX
MOV    Z, AX
```

除非是专业人士，否则也很难理解程序内容吧。不过，即使是不了解汇编语言的程序员，只要稍加想象，大概也能理解代码清单 3.2 中的 MOV 是信息传送、ADD 是加法运算的意思。

汇编语言是编程语言的第一步。使用汇编语言编写的程序被读入对其进行编译的其他程序（称为**汇编程序**）中，从而生成机器语言。计算机原本就是为了让人们更轻松地进行工作而设计的机器，所以人们希望编写程序驱动计算机工作的任务也可以使用计算机轻松进行。得益于汇编语言，程序简单易懂很多，错误也有所减少，之后进行修改也变得非常轻松。

不过，在使用汇编语言编写的程序中，即使命令存在一点点错误也会导致程序运行异常。另外，虽然汇编语言容易理解，但是在编程时逐个指定计算机的执行命令是非常麻烦的。

3.4 高级语言使程序更加接近人类语言

随后，用更贴近人类语言的表达形式来编写程序的**高级语言**被发明出来。高级语言并不是逐个编写能让计算机理解的命令，而是采用人类更容易理解的"高级"形式。

采用 FORTRAN 改写代码清单 3.2 的程序，可得到如下的代码清单 3.3。

代码清单3.3 使用FORTRAN编写的程序示例

```
Z=X+Y
```

对比代码清单 3.2 和代码清单 3.3 的程序，我们会发现高级语言的便捷性是非常明显的。代码清单 3.3 中程序的形式与数学计算公式非常相似，因此即使是完全没有编程经验的人也能理解[1]。这种高级语言在计算机刚出现不久的 20 世纪 50 年代前半期被设计出来。现在仍在使用的 FORTRAN

---

[1] 实际上，这与算式并不相同。没有编程经验的人看到代码清单 3.3 时，会将该程序理解为两边的值相等的方程式，而其实这里的等号表示将右边赋值给左边。

出现于 1957 年，COBOL 大概出现于 1960 年。在技术革新非常快的计算机领域，这些高级语言仍然能被长时间地使用，真是了不起的发明。

随着高级语言的出现，编程的效率和质量都得到了很大提升。不过，由于计算机的普及和发展速度更加惊人，所以人类对提高编程效率的需求并未止步。于是在 20 世纪 60 年代后半期 NATO 召开的一次国际会议上提出了所谓的**软件危机**——20 世纪末，即使全人类都成为程序员，也无法满足日益增长的软件需求。

3.5　重视易懂性的结构化编程

为了应对软件危机，人们提出了各种新的思想和编程语言。

其中，最受关注的就是**结构化编程**。

结构化编程由荷兰计算机科学家戴克斯特拉[①]（Dijkstra）提出，其基本思想是：为了编写出能够正确运行的程序，采用简单易懂的结构是非常重要的。

具体方法就是废除程序中难以理解的 GOTO 语句[②]，提倡只使用循序、选择和重复这三种结构来表达逻辑（图 3-1）。

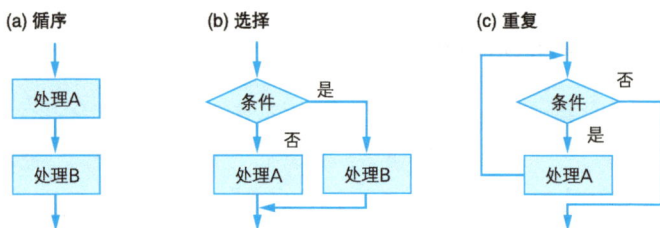

图 3-1　三种基本结构

① 因其在编程语言研究方面的贡献，1972 年被授予有"计算机界的诺贝尔奖"之称的图灵奖。

② 无条件跳转到程序中的任意标签的命令。虽然 Java 中没有该语句，但是 C 语言和 C++ 中都有。

循序是指从头开始按顺序执行程序中编写的命令。**选择**是指执行某些判断，根据判断结果决定接下来要执行的命令。诸如 if 语句和 case 语句，有编程经验的人应该马上就能理解。**重复**是指在规定次数内或者某个条件成立期间，重复执行指定的命令群，相当于程序命令中的 for 语句和 while 语句。这三种结构被称为**三种基本结构**。由于该理论非常强大而且易于接受，所以得到了广泛的支持。

另外，由于结构化编程主张废除 GOTO 语句，所以又被称为**无 GOTO 编程**。对现如今的程序员来说，不使用 GOTO 语句基本上已经是常识了，而在 20 世纪 70 年代，由于计算机的内存容量和 CPU 速度等硬件性能都很差，所以当时推崇将程序编写得尽可能简练，哪怕只是减少一字节或者一步也好，因此那时的程序常常难以处理。特别是在滥用 GOTO 语句的情况下，程序的整体结构变得很杂乱，让人非常难以理解。现在我们将这些难以理解的程序统称为"面条式代码"，用来表示滥用 GOTO 语句等导致控制流程像面条一样扭曲纠结在一起的状态。

在当时那个年代，据说最初有人对结构化编程持批判态度，理由是它会导致程序的代码量增加、执行速度变慢。然而随着时代的进步和计算机硬件性能的提升，人们渐渐发现，从系统整体来看，执行效率的细微改善并没有什么效果，与之相比，编写易懂的程序才是更加重要的。

3.6　提高子程序的独立性，强化可维护性

在当时，为了强化程序的可维护性，还有另外一种方法，就是提高**子程序**[①]的独立性。

早在计算机诞生初期的 20 世纪 40 年代，子程序就已经被发明出来了。该结构被用于将在程序中的多个位置出现的相同命令汇总到一处，以减小程序的大小，提高编程的效率。不过现在大家开始意识到，只是简单地将相同的命令语句汇总到一处还不够，为了强化程序的可维护性，提高子程

[①]　子程序（subroutine）还有其他叫法，如过程（procedure）、函数等。

序的独立性也是很重要的。

提高子程序独立性的方法是减少在调用端（主程序）和子程序之间共享的信息。所谓共享的信息是指变量中存储的数据。这种能在多个子程序之间共享的变量被称为**全局变量**。

程序逻辑可以按顺序进行解读。不过，由于我们很难一眼看出变量在程序的哪个位置被引用，所以如果在程序中定义了很多变量，那么维护就会变得很困难。特别是全局变量，由于从整个程序的所有位置都可以对其进行访问，所以如果在调试时发现变量的内容有误，就必须检查所有源代码。由此可见，减少全局变量对提高程序整体的可维护性而言非常重要。

下面我们就来具体介绍一下。如图 3-2 所示，这里有 A、B、C 三个子程序，它们之间使用全局变量交换信息。在这种结构中，我们很难知道哪一个子程序在什么时间点修改或者引用了变量。由于从程序的任意位置都可以访问全局变量，所以在因某种情况而修改了全局变量的情况下，就必须确认程序的所有逻辑。该示例中只有三个子程序，逻辑也很短，所以不会有很大的麻烦。

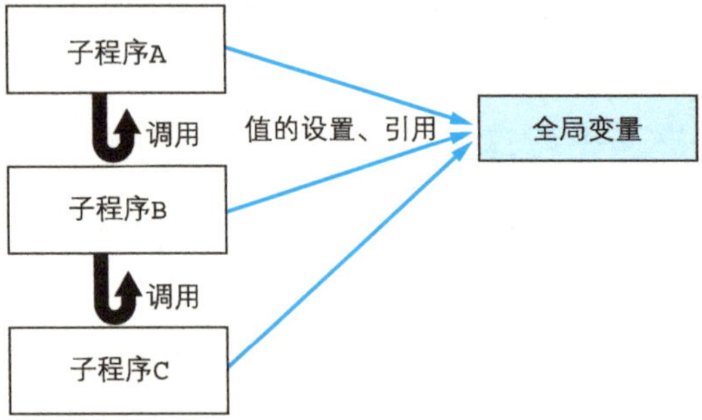

图 3-2　使用全局变量来交换信息

但对于包含了成百上千个子程序的应用程序而言，修改全局变量就是一个很严峻的问题。手动确认影响范围的话自不必说，以当时的机器性能，使用计算机进行确认也是极其困难的。毕竟在当时，即使稍微修改一下应用程序，也要花费几个小时的时间进行编译，而编译确认修改全局变量造成的影响则需要等待一个晚上。

为了避免出现这样的问题，人们设计出了两种结构：一种是**局部变量** [①]，另一种是**按值传递**（call by value）（图 3-3）。

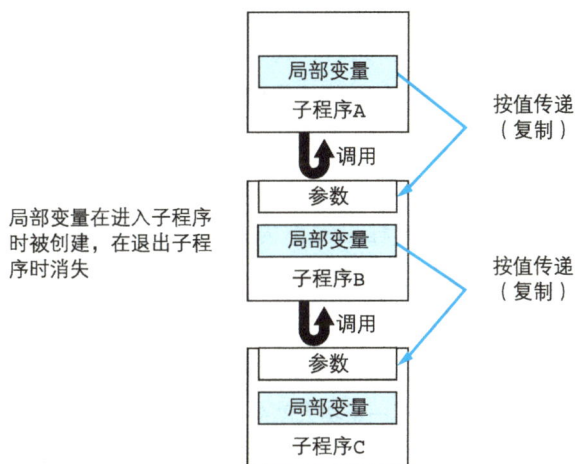

图 3-3 使用局部变量和按值传递来交换信息

局部变量是只可以在子程序中使用的变量，在进入子程序时被创建，在退出子程序时消失。

在通过参数向子程序传递信息时，不直接使用调用端引用的变量，而是复制值以进行传递，这就是按值传递的结构。子程序的处理结果也会作为返回值以按值传递的方式进行传递，不会影响调用端的变量。在使用这种结构的情况下，即使修改了被调用的子程序所接收的参数值，也不会影响调用端的变量。

––––––––––––––––
① 有时也被称为"本地变量""自动变量"。

　　这两种结构可以使全局变量的使用控制在最小限度，减少子程序之间共同访问的变量。通过巧妙地使用这种结构，可以提高子程序的独立性。

◯ 3.7　实现无 GOTO 编程的结构化语言

　　随着结构化编程理论的渗透，出现了以此为基础的编程语言，即**结构化语言**，具有代表性的结构化语言有 ALGOL、Pascal 和 C 语言等。

　　结构化语言可以使用 if 语句、while 语句和 for 语句等命令编写明确的控制结构。现在大家可能认为这是理所当然的，然而之前的主流语言，例如 COBOL 和 FORTRAN 等，其语法并不一定可以直接编写三种基本结构[①]，因此结构化语言的出现是极大的进步。

　　另外，虽然结构化编程也被称为无 GOTO 编程，但是有趣的是，Pascal 和 C 语言中却提供了 GOTO 语句。这是因为考虑到了习惯 GOTO 语句的控制结构的写法的程序员。另外，为了平衡执行效率，使用 GOTO 语句有时也是一种备选方案。虽然当时计算机性能已经有所提升，但是在那个年代，在执行效率上多下一点功夫就会有很好的效果。

　　结构化语言也提供了前文中介绍的局部变量和按值传递功能，现在很多编程语言也都采用了这些结构。

　　结构化语言中最有名的就是 **C 语言**。C 语言完全支持结构化编程的功能，此外还具备之前只有汇编语言才可以执行的位运算以及高效使用内存区域的指针等细致功能。因此，它可以被广泛应用于从应用程序开发到系统编程等诸多领域，例如可以作为 UNIX OS 的实现语言等。

　　C 语言的另一个特征就是，编程所需的全部功能并不是通过语言规范提供，而是由函数库构成的。例如，在 C 语言中，格式化输出字符串的处理是使用 printf 函数实现的，而在 COBOL 和 FORTRAN 中则对应为语

[①]　随着之后对语言规范的修订，现在 COBOL 和 FORTRAN 中也可以显式地编写三种基本结构了。

言规范。在采用这种结构的情况下，即使不改进语言编译器，也可以添加语言规范层的功能。现在 Java 等面向对象编程语言中也继承了这种思想。

　　现在被广泛使用的 Java、C++ 和 C# 等编程语言都是 C 语言的直系子孙，继承了它的许多性质。

3.8　进化方向演变为重视可维护性和可重用性

　　在此让我们试着总结一下编程语言的进化历史吧。

　　在从机器语言到汇编语言乃至高级语言的进化过程中，人们希望提高编程语言的表现能力，即用更贴近人类语言的方法简单地表示出希望让计算机执行的作业。为此人们开发出了一系列具有代表性的高级语言，其中FORTRAN 使用算式、COBOL 使用英文报告的形式来编写程序［COBOL将整体结构分为 4 个 DIVISION（部），其下再设置 SECTION（节）］。迄今为止，可以说使用贴近人类语言的形式编写程序的目的已经基本实现了，不过遗憾的是，仅凭这一点还无法拯救软件危机。

　　因此，在向接下来的结构化语言进化时就需要改变方向（图 3-4），即提高可维护性。无 GOTO 编程和提高子程序独立性的结构都是为了便于既有程序的理解和修改。

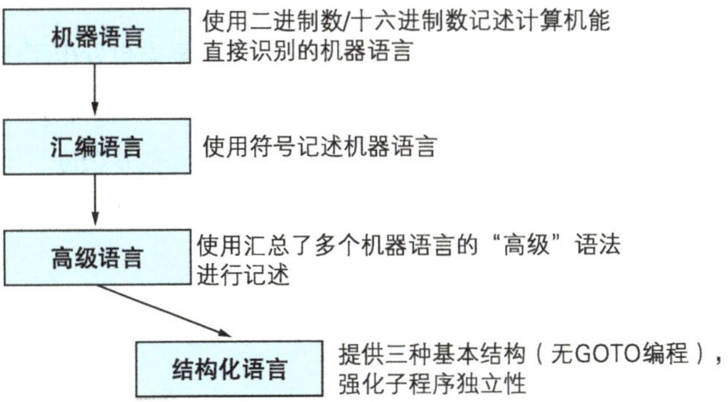

图 3-4　编程语言的进化方向

在这种背景下，程序的寿命比最初设想的长了很多。在计算机刚出现时，每次都要从零开始重写程序。然而，随着对软件的要求越来越高，程序规模也越来越大，每次都要重写程序的话就太费事了。因此，通过修改已完成的程序进行应对的情况就开始增多了。

20 世纪末轰动世界的"计算机 2000 年问题"就是一个程序的实际寿命比设想寿命长很多的例子。当时许多程序中用两位数来表示年份，导致政府和金融机构的许多系统在 2000 年出现错误，引起了很大混乱，问题很严重。不只是应用程序，计算机厂商提供的操作系统和基础软件等都受到了影响。但是回过头来想一想，为什么在当时谁都没有考虑到这么简单的事呢？真是难以想象。或许是因为当时内存的价格的确非常高，所以连 2 个字节也不能浪费吧。但笔者认为，更重要的原因在于大家对程序寿命的认识不正确。

出现问题的代码很多是通用计算机或者 UNIX 操作系统等的基础软件，这些软件的最初版本都是在 20 世纪六七十年代编写的。当时的程序员可能都认为自己编写的程序只有 5 年左右的寿命，最多也不会超过 10 年。毕竟当时人们都认为进入 21 世纪后，机器人会代替人做家务，铁臂阿童木将在空中穿梭，大家都可以轻松地去宇宙旅行，所以应该没有哪个程序员能想象到在那样遥远的未来，自己编写的程序在被修改之后还能一直使用吧。

随着程序寿命的延长，人们对编程语言的功能要求也发生了改变。编程语言最开始只是被用来简单地表示机器语言的命令，之后新的要求不断出现，便于理解既有程序的功能（提高可维护性）、降低复杂度、不引起错误的功能（提高质量）等开始受到重视。另外，充分利用既有程序来提高整体生产率（提高可重用性）的功能也变得非常重要。

对上述内容加以总结，如图 3-5 所示。

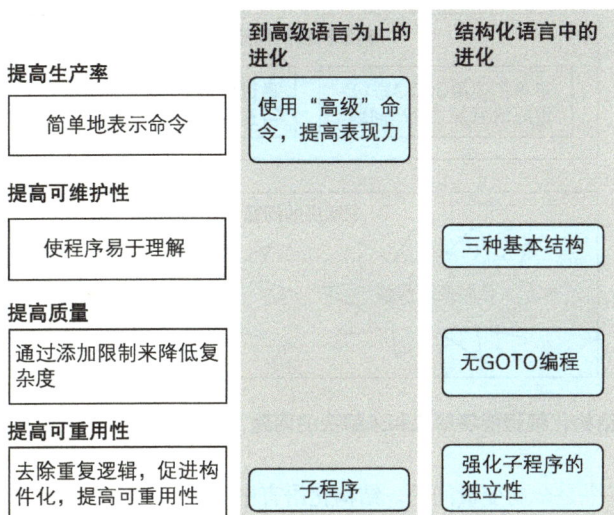

图 3-5　编程语言的进化（之一）

3.9　没有解决全局变量问题和可重用性差的问题

结构化编程成了程序员的常识，虽然现在它被面向对象夺了风头，但是此前在大学课程中或者企业新人培训时，结构化编程是一定会讲的课题。

不过，结构化编程有两个无法解决的问题，那就是全局变量问题和可重用性差的问题（图 3-6）。

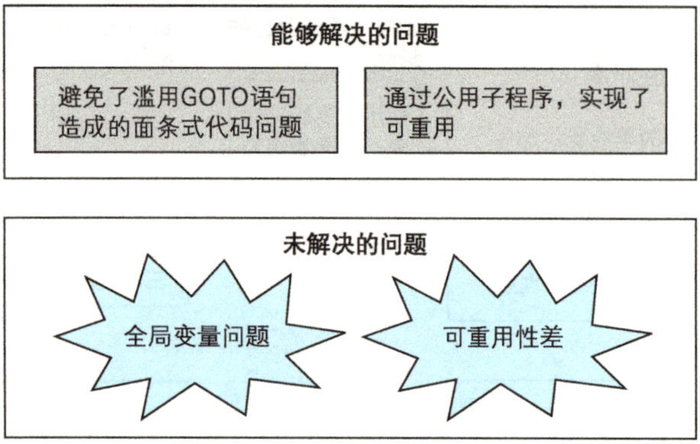

能够解决的问题

避免了滥用GOTO语句造成的面条式代码问题

通过公用子程序，实现了可重用

未解决的问题

全局变量问题

可重用性差

图 3-6　结构化编程能够解决和未解决的问题

　　第一个是全局变量问题。结构化语言中导入了局部变量和按值传递结构，可以尽量不使用全局变量来交换信息。不过，局部变量是临时变量，在子程序调用结束时就会消失，因此在子程序运行结束后依然需要保持的信息就只能被存放在子程序的外面，即被保存为全局变量。

　　滥用 GOTO 语句会严重影响程序的可读性，但这只限于编写该逻辑的部分。而全局变量可以被程序的任何位置使用，所以当因某种情况而需要修改全局变量时，为了查明影响范围，就必须调查所有的逻辑。如果程序很大，那么这种由全局变量引发的问题就会非常严重，这也是结构化语言中很难避免的问题①。

　　另一个问题是可重用性差。结构化语言中可重用的是子程序，而现在已经有了用于编码转换、输入 / 输出处理、数值计算和字符串处理等的通用库，通过重用既有程序就可以在一定程度上实现基本的处理。然而即便如此，从不断增大的应用程序的整体规模来看，效果只能说是微不足道的。

　　因此需要提高可重用的规模，这已经成为软件开发者的共识，但这一

---

①　C语言中通过添加 static 修饰符来限制可以访问全局变量的范围。关于这一功能与 OOP 的实例变量的不同之处，我们将在下一章中介绍。

点却很难实现，主要原因就在于作为公用构件创建的只是子程序。

　　而能够打破该限制的正是 OOP。

　　正如我们在第 1 章介绍的那样，OOP 早在 1967 年就已经作为 Simula 67 出现了。不过，由于当时计算机硬件性能低下，而 OOP 又过于先进，所以在很长一段时间内，只有一部分研究机构使用 OOP。到了 20 世纪 80 年代，能在具有 GUI（Graphical User Interface，图形用户界面）的工作站上运行的商用语言 Smalltalk 出现，同时 C++ 也作为 C 语言的增强版被设计出来，通过 GUI 库的开发，OOP 的灵活性和可重用性得到证实，慢慢开始崭露头角。随着 20 世纪 90 年代互联网热潮中 Java 的出现，OOP 逐渐成为主流。

　　下一章我们将正式开始介绍面向对象编程。

深入学习的参考书

[1] 高橋麻奈. やさしいC 第3版 [M]. 东京: SB Creative，2007.

☆ ☆

[2] 柴田望洋. 明解C语言（第3版）：入门篇 [M]. 管杰等，译. 北京：人民邮电出版社，2015.

☆ ☆

虽然现在使用C语言开发应用程序的情况变少了，但是作为计算机的基础知识，有时还是需要学习C语言的。C语言的经典著作是柯尼汉（Kernighan）和里奇（Ritchie）编写的《C程序设计语言（第2版·新版）》，而在已出版的众多入门书中，以上两本是由日本人编写的比较经典的参考书。

[3] 矢沢久雄. 情報はなぜビットなのか──知っておきたいコンピュータと情報処理の基礎知識 [M]. 东京：日経BP社，2006.

☆ ☆

该书引用身边的例子进行讲解，让大家轻松掌握计算机和信息处理的基础知识。该书从比特和字节开始讲起，涉及字符编码、算法、统计、概率、运筹学、关系契约理论和通信协议等，其中还刊登了对计算机发展做出卓越贡献的人物的照片。

编程往事

COBOL 编译器的"鸡和蛋"问题

这是发生在笔者年轻时的事情。有一次前辈问笔者:"你知道怎样编写 COBOL 编译器吗?"虽然笔者每天都在使用编译器,但很少注意到它本身其实也是一种程序。另外,笔者当时根本就没有考虑过编译器是怎样编写的,所以只好回答"不是很清楚"。

这时前辈说:"COBOL 编译器也是用 COBOL 编写的哦。""什么?COBOL 竟然能编写编译器?"笔者感到有些意外。在回家的电车上,笔者再次想起这个问题,发现这有点像先有鸡还是先有蛋的问题,让笔者有些混乱。

当然,其实这个问题的答案很简单。正确答案是,最初的 COBOL 编译器是使用 COBOL 以外的其他编程语言(如 FORTRAN 等)编写的。也就是说,最开始的那只小鸡的母亲并不是鸡,而应该是其他鸟类。

* * *

到这儿就清楚了。然而,编写 COBOL 编译器的其他语言的编译器最开始又是怎样编写的呢?世界上最早的高级语言和最早的汇编语言呢?笔者不停地思考着这些问题,总感觉自己有了重大发现。

世界上最早的高级语言的编译器应该是使用当时最新的编程语言——汇编语言编写的,而最早的汇编语言是用机器语言编写的。世上当然不会发生无中生有的事。

也就是说,我们每天使用的编译器凝结着前人在计算机发展过程中倾注的智慧和心血。像这样,利用既有的工具创造出新的工具,这简直就是人类进化的缩略图啊!

* * *

编程语言从机器语言开始,逐渐发展为汇编语言、高级语言和结构化语言,直至目前被广泛使用的 OOP。这其中不仅包含了编程语言语法的进化,而且在使用最新的编程语言编写编译器时,其实也利用了前人的成就。

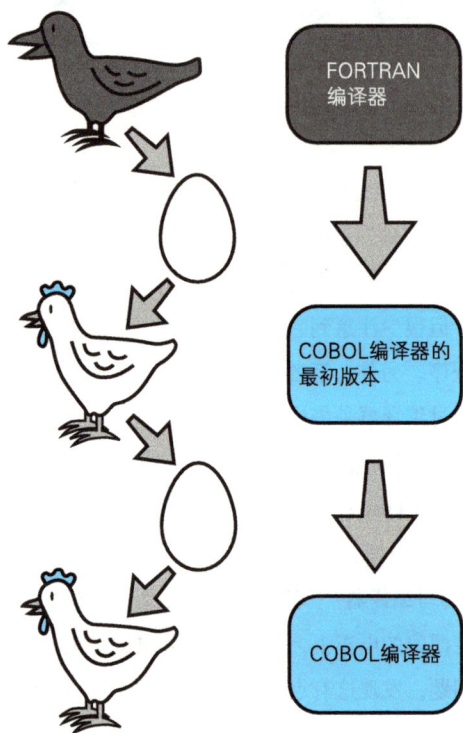

因此，在 OOP 之后出现的编程语言当然是用 OOP 编写的。大家一定都很期待看到接下来会出现什么样的编程语言吧。

不过，无论出现了多么优秀的编程语言，最伟大的还是当初发明汇编语言，并使用机器语言编写编译器的先驱者吧。

第4章

面向对象编程技术：
去除冗余、进行整理

本章的关键词

类、实例、实例变量、方法、多态、继承、包、异常、垃圾回收

热身问答

在阅读正文之前，请挑战一下下面的问题来热热身吧。

问题

美国计算机协会（ACM）每年都会将"图灵奖"授予在计算机科学领域做出突出贡献的个人，请问"图灵"这一名称的由来是什么？

A. 开发了最早的计算机的项目名称

B. 最早研究计算机科学理论的人的名字

C. 最早发明出来的计算机的名称

D. 最初放置计算机的地方的名称

答案 ···

B. 最早研究计算机科学理论的人的名字

解 析 ···

　　图灵奖每年由美国计算机协会颁发，授予在计算机科学领域做出突出贡献的个人，因此也被称为"计算机界的诺贝尔奖"，非常有权威性。在 2000 年之后，为面向对象的发展做出贡献的人们也获得过这一奖项。

　　该奖项的名称取自于艾伦·图灵①（Alan Turing）。图灵是一位数学家，被称为"计算机科学之父"。他设计的"图灵机"将计算与算法的概念形式化，为现在实际应用的计算机奠定了逻辑基础。

　　另外，在第二次世界大战期间，为了计算导弹的弹道轨迹，以美国为中心的多个国家对计算机进行了研究和开发。虽然有不少人认为在 1946 年公布于世的电子数字积分计算机（Electronic Numerical Integrator and Computer，ENIAC）是世界上第一台计算机，但关于这一点目前还存在争论。现在我们普遍认为 1937 年完成的试验样机——阿塔纳索夫 – 贝瑞计算机（Atanasoff-Berry Computer，ABC）是世界上第一台计算机。

———————————————

① 以艾伦·图灵为主角的传记电影《模仿游戏》（*The Imitation Game*）于 2015 年在中国上映。

本章重点

本章将介绍面向对象编程（Object Oriented Programming，OOP）的基本结构。

首先，我们将再次介绍一下之前提到的类、多态和继承这三种结构，并讨论实例变量与传统的全局变量和局部变量的区别，以及类类型的作用。然后，我们将简单地介绍一下进化的 OOP 结构，即包、异常和垃圾回收的相关内容。

这里我们将尽量避免拿现实世界的事物来打比方，而是单纯地将 OOP 作为一种编程架构，来看一下它与之前的语言相比具有哪些优势。一些熟悉 OOP 的读者可能会认为没有必要专门花篇幅来介绍这些理所当然的内容，但笔者只是想借此机会和大家一起思考一下 OOP 取得了哪些进步。

4.1 OOP 具有结构化语言所没有的三种结构

OOP 具有之前的编程语言所没有的三种优良结构，分别是类、多态和继承。在 OOP 刚开始普及的 20 世纪 90 年代，它们经常被称为 OOP 的三大要素[①]。

在上一章的结尾，我们介绍了结构化语言无法解决的两个问题，一个是全局变量问题，另一个是可重用性差的问题。

而 OOP 的这三种结构正好可以解决这两个问题。

---

① OOP 具有不使用全局变量的结构。
② OOP 具有除公用子程序之外的可重用结构。

稍微延伸一下，也可以说 OOP 的三种结构是"去除程序的冗余、进行整理的结构"。

[①] 一般认为 OOP 的三大要素分别是封装、多态和继承。不过，由于类不只具有封装的作用，所以本书中改为使用类。

打个比方，那些让人难以理解的程序就像是一个乱七八糟的房间。由于无法马上在这样的房间里找到需要的东西，所以我们很有可能会再次购买，或者即使将房间里的某一处整理干净，周围也依然是乱作一团。如果要保持房间整洁，平时就要多加注意，此外还需要使用清理不必要物品（去除冗余）的吸尘器和规整必要物品（进行整理）的收纳架（图 4-1）。

图 4-1　为了保持房间整洁，需要吸尘器和收纳架

OOP 的三种结构为程序员提供了去除冗余逻辑、进行整理的功能。

类结构将紧密关联的子程序（函数）和全局变量汇总在一起，创建大粒度的软件构件。通过该结构，我们能够对之前分散的子程序和变量加以整理。多态和继承能够对公用子程序无法很好地处理的重复代码进行整合，彻底消除源代码的冗余。如果我们能使用这些结构开发出通用性较强的功能，就可以实现多个应用程序之间的大规模重用了。

不过类、多态和继承的名称比较特别，虽然这些结构在之前的编程语言中没有过，需要另起名称，但是这样的名称往往会让人感觉面向对象很难。

然而实际上这三种结构是非常接地气的，它们可以说是编程语言领域具有历史性意义的重大发明。也正因为如此，最初设计了这些结构、开发出最早的面向对象编程语言 Simula 67 的两名挪威科学家在 2001 年获得了图灵奖。另外，开发了 Smalltalk、提出面向对象概念的艾伦·凯也在两年后获得了图灵奖。

下面就让我们一起来揭开这项重大发明的神秘面纱吧。

4.2　OOP 的结构会根据编程语言的不同而略有差异

Java、Python、Ruby、PHP、C#、JavaScript、Visual Basic.NET、C++ 和 Smalltalk 等语言都属于 OOP，但它们的功能和语法却不尽相同。接下来我们将使用简单的 Java 示例代码来介绍 OOP 的基本功能，关于各编程语言的详细结构，请大家自行查看其语言规范。

本章以具有打开和关闭文件、读取一个字符这样的简单功能的文件访问处理作为示例。虽然示例代码使用 Java，但是为了方便起见，有时也会使用 Java 不支持的语法，所以书中有些代码是无法被 Java 编译器编译的，还请大家理解。

4.3　三大要素之一：具有三种功能的类

首先来介绍一下三大要素中的第一个要素——**类**。

这里，我们将类的功能总结为汇总、隐藏和"创建很多个"。

类的功能是汇总、隐藏和"创建很多个"。

① "汇总"子程序和变量。

② "隐藏"只在类内部使用的变量和子程序。

③ 从一个类"创建很多个"实例。

类结构本身并不难，但它能给编程带来很多积极的效果，可以说是一种非常强大的结构。接下来将依次对类的上述三个功能进行介绍。

4.4　类的功能之一：汇总

代码清单 4.1 中定义了 openFile（打开文件）、closeFile（关闭文件）和 readFile（读取一个字符）这三个子程序及一个全局变量[①]。下面我们使用类的功能来逐步修改该程序。

代码清单4.1　采用结构化编程的文件访问处理

```
// 存储正在访问的文件编号的全局变量
int fileNum;

// 打开文件的子程序
//（通过参数接收路径名）
void openFile(String pathName){ /* 省略逻辑处理 */ }

// 关闭文件的子程序
void closeFile() { /* 省略逻辑处理 */ }

// 从文件读取一个字符的子程序
char readFile() { /* 省略逻辑处理 */ }
```

首先来看一下汇总功能。

类能汇总变量和子程序。这里所说的变量是指 C 和 COBOL 等语言中的全局变量。在 OOP 中，由类汇总的子程序称为**方法**，全局变量称为**实例变量**（又称为"属性""字段"），之后我们会根据情况使用这些术语。

下面就让我们使用类来汇总代码清单 4.1。在 Java 中，创建类时会在开头声明类名，并用大括号将汇总范围括起来。由于这里是将读取文本文件的子程序群和变量汇总到一起，所以我们将类命名为 TextFileReader，如代码清单 4.2 所示。

---

① 为了方便起见，这里定义了独立的全局变量和子程序，但实际上，Java 语法并不允许定义不属于类的变量和子程序。

代码清单4.2　使用类进行汇总

```
class TextFileReader {
  // 存储正在访问的文件编号的变量
  int fileNum;

  // 打开文件
  //（通过参数接收路径名）
  void open(String pathName) { /* 省略逻辑处理 */ }

  // 关闭文件
  void close() { /* 省略逻辑处理 */ }

  // 从文件读取一个字符
  char read() { /* 省略逻辑处理 */ }
}
```

　　看到这里，估计有不少读者认为这只不过是将子程序和变量汇总在一起而已。实际上确实如此，但汇总和整理操作本身就是有价值的。打个比方，在收拾乱七八糟的屋子时，与其只准备一个大箱子，不如准备多个箱子分别存放衣服、CD、杂志、文具和小物件等，这样会更方便拿取物品，两者是同样的道理。

　　由于代码清单 4.2 的示例非常小，所以大家可能感受不到汇总的效果。请大家想象一下企业基础系统中使用的大规模应用程序，其代码往往有几十万到几百万行。如果使用 C 语言平均为每个子程序编写 50～ 100 行代码，那么子程序就有几千到几万个。如果使用 OOP 平均在每个类中汇总 10 个子程序，那么类的总数就是子程序总数的十分之一，为几百到几千个（图 4-2）。当然，即便如此数量依然庞大，但构件数量缩减为原来的十分之一这种效果是不容小觑的（另外，关于为了进一步整理大规模软件而将多个类进行分组的"包"功能，我们将在后文中进行介绍）。

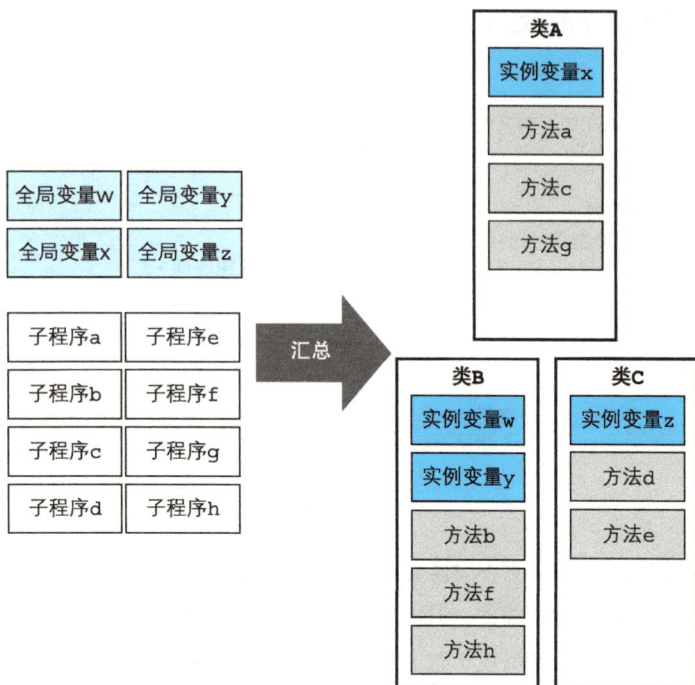

图 4-2　类的功能之一：汇总

　　汇总的效果并不只是减少整体构件的数量。我们再来比较一下代码清单 4.1 和代码清单 4.2。其实在汇总到类中时我们还略微进行了修改，大家注意到了吗？

　　没错，子程序的名称改变了。在代码清单 4.1 中，子程序的名称是 openFile、closeFile 和 readFile，都带有 File。而在代码清单 4.2 中去掉了 File，子程序的名称分别为 open、close 和 read。

　　后一种命名方式显然更轻松。在没有类的结构化语言中，所有子程序都必须命名为不同的名称，而类中存储的元素名称只要在类中不重复就可以。在代码清单 4.2 中，我们将类命名为 TextFileReader，声明该类是用于读取文件的，因此就无须在各个方法的名称中加上 File 了。这样一来，即使其他类中也有 open、read 和 close 等同名的方法，也不会发生什么问题。举例来说，一个家庭中所有成员的名字应该都不相同，但是和姓氏不同的邻居家的家庭成员重名则没有关系（类名冲突可以使用包进行回避，我们将在本章后半部分介绍包的相关内容）。

　　为汇总后的类起合适的名称也便于查找子程序。虽然这个步骤看起来并不起眼，但它却是促进可重用的重要功能之一。无论编写的子程序的质量多高，如果因为数量太多而难以查找和调用，那么也是没有任何意义的。反之，如果编写的子程序便于查找，那么对其进行重用的机会也会增加。

　　我们来总结一下汇总功能。

< 类的功能之一：汇总 >

　　能够将紧密联系的（多个）子程序和（多个）全局变量汇总到一个类中。

　　优点如下。

- 构件的数量会减少
- 方法（子程序）的命名变得轻松
- 方法（子程序）变得容易查找

4.5　类的功能之二：隐藏

　　接下来我们看一下隐藏功能。

　　在代码清单 4.2 中，子程序和全局变量都汇总到了类中，但是在这种状态下，从类的外部仍然可以访问 fileNum 变量 [1]。TextFileReader 类的 open、close 和 read 方法会访问 fileNum 变量，但其他处理则无须访问，因此最好限定为只有这三个方法能访问该变量。这样一来，当

---

[1]　准确来说，根据 Java 语法，代码清单 4.2 中的 fileNum 变量和三个方法只可以被同一个包中的类自由访问。

fileNum 变量中的值异常而导致程序运行错误时，我们只要调查这三个方法就可以了。另外，以后在需要将 fileNum 变量的类型由 int 改为 long 等时，还可以缩小修改造成的影响范围。

OOP 具有将实例变量的访问范围仅限定在类中的功能。加上该限定后的代码如代码清单 4.3 所示。

代码清单4.3　隐藏实例变量

```
class TextFileReader {
  // 存储正在访问的文件编号的变量
  private int fileNum;

  // 打开文件
  // (通过参数接收路径名)
  void open(String pathName) { /* 省略逻辑处理 */ }

  // 关闭文件
  void close() { /* 省略逻辑处理 */ }

  // 从文件读取一个字符
  char read() { /* 省略逻辑处理 */ }
}
```

代码清单 4.2 与代码清单 4.3 只存在细微的差别。后者在实例变量的声明之前添加了 private，这是一种隐藏结构（图 4-3），表示将 fileNum 变量隐藏起来。英文 "private" 这个形容词的含义为 "私人的" "秘密的"。通过指定为 private，我们可以限定只有类内部的方法才能访问 fileNum 变量，如此一来该变量就不再是全局变量了。

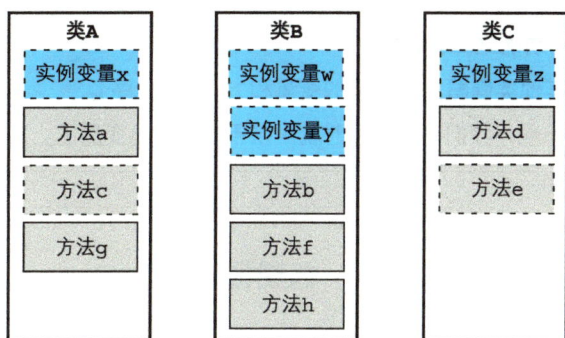

为了缩小修改的影响范围，我们可以隐藏无法从类外部使用的
变量和方法

图 4-3 类的功能之二：隐藏

除了隐藏变量和方法之外，OOP 中还具备显式公开的功能。由于
TextFileReader 类中的三个方法是提供给程序的其他部分使用的，所
以我们将其声明为显式公开的方法。修改后的代码如代码清单 4.4 所示。

代码清单4.4 公开类和方法

```
public class TextFileReader {
    // 存储正在访问的文件编号的变量
    private int fileNum;

    // 打开文件
    //（通过参数接收路径名）
    public void open(String pathName) { /* 省略逻辑处理 */ }

    // 关闭文件
    public void close() { /* 省略逻辑处理 */ }

    // 从文件读取一个字符
    public char read() { /* 省略逻辑处理 */ }
}
```

由于在类和方法的声明部分指定了 public，所以从应用程序的任何
位置都可以对其进行调用。

> **< 类的功能之二：隐藏 >**
>
> 能对其他类隐藏类中定义的变量和方法（子程序）。
>
> 这样一来，我们在写程序时就可以不使用全局变量了。

🔵 4.6　类的功能之三：创建很多个

最后是"创建很多个"的功能。

可能有的读者已经发现了，用 C 语言也可以实现前面介绍的汇总和隐藏功能[①]。然而，使用传统的编程语言则很难实现"创建很多个"的结构，可以说这是 OOP 特有的功能。

下面我们通过示例程序进行讲解。

请大家再看一下代码清单 4.4。它是一个打开文件、读取字符，最后关闭文件的程序。当只有一个目标文件时，这是没有什么问题的，但如果应用程序要比较两个文件并显示其区别，情况会怎样呢？也就是说，需要同时打开多个文件并分别读取内容。我们在代码清单 4.4 中只定义了一个存储正在访问的文件编号的变量。可能有读者会想："将存储文件编号的变量放到数组中不就行了吗？"请大家放心，即使不进行任何修改，也能同时访问多个文件。

其奥秘就是实例。

我们在第 2 章中介绍过类和实例，还以动物为例，将狗当作类，将斑点狗和柴犬等具体的狗当作实例。

不过，实例并不是直接表示现实世界中存在的事物的结构，而是类定义的实例变量所持有的内存区域。另外，定义了类就可以在运行时创建多个实例，也就是说，能够确保多个内存区域（图 4-4）。

---

① C 语言中会将源程序分割为多个文件，如果将变量和子程序指定为 static，那么其他文件就无法访问了。

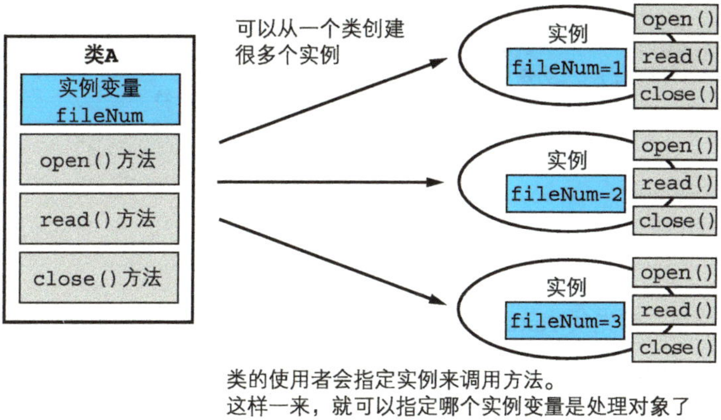

类的使用者会指定实例来调用方法。
这样一来，就可以指定哪个实例变量是处理对象了

图 4-4　类的功能之三：创建很多个

我们在前面介绍过，类能汇总实例变量和方法。不过，如果同时创建多个实例，那么在调用方法时就不知道到底哪个实例变量才是处理对象了，因此 OOP 的方法调用代码的写法稍微有点特殊。

在传统的子程序调用的情况下，只需简单地指定所调用的子程序的名称。而在 OOP 中，除了调用的方法名之外，还要指定对象实例。根据 Java 语法，应在存储实例的变量名后加上点，然后再写方法名，如下所示。

```
存储实例的变量名 . 方法名 ( 参数 )
```

下面我们就来介绍一下代码清单 4.4 的程序的调用端是什么样子的。请大家看代码清单 4.5。

代码清单4.5　"创建很多个"实例

```
// 从 TextFileReader 类创建两个实例
TextFileReader reader1 = new TextFileReader();
TextFileReader reader2 = new TextFileReader();

reader1.open("C:\\aaa.txt"); // 打开第一个文件
reader2.open("C:\\bbb.txt"); // 打开第二个文件
```

```
char ch1; // 声明读取第一个文件的变量
char ch2; // 声明读取第二个文件的变量
ch1 = reader1.read(); // 从第一个文件读取一个字符
ch2 = reader2.read(); // 从第二个文件读取一个字符

reader1.close(); // 关闭第一个文件
reader2.close(); // 关闭第二个文件
```

　　这里，首先从 TextFileReader 类创建两个实例，并存储到 reader1 和 reader2 这两个变量中。之后的打开文件、读取字符及关闭文件等处理都是通过指定变量 reader1 和 reader2 来调用方法的。像这样，在 OOP 中，在调用方法时需要指定以哪个实例为对象。

　　根据"创建很多个"的结构，类中方法的逻辑就变得简单了。代码清单 4.4 中只编写了一个 fileNum 变量，这意味着定义类的一端完全无须关心多个实例同时运行的情形。传统的编程语言中没有这种结构，所以要想实现同样的功能，就需要使用数组等结构来准备所需数量的变量区域，因此执行处理的子程序的逻辑也会变得很复杂。

　　一般来说，由于在应用程序中同时处理多个同类信息的情况很普遍，所以这种结构是非常强大的。文件，字符串，GUI 中的按钮和文本框，业务应用程序中的顾客、订单和员工，以及通信控制程序中的电文和会话等，都会应用这样的结构，而 OOP 仅通过定义类就可以实现该结构，非常方便。

> **< 类的功能之三：创建很多个 >**
>
> 　　一旦定义了类，在运行时就可以由此创建很多个实例。
>
> 　　这样一来，即使同时处理文件、字符串和顾客信息等多个同类信息，也可以简单地实现该类内部的逻辑。

　　以上就是对汇总、隐藏和"创建很多个"这三种功能的介绍。

类结构为编写程序提供了许多便捷功能，但 Java、Python 和 Ruby 等实际的编程语言都有其各自的功能和详细规范，因此我们可能需要花费一些时间才能充分理解并熟练运用类结构。为了避免在理解时产生混乱，请大家一定要掌握这里介绍的三种功能。

<OOP 的三大要素之一：类 >

类是"汇总""隐藏"和"创建很多个"的结构。

① "汇总"子程序和变量。

② "隐藏"只在类内部使用的变量和子程序。

③ 从一个类"创建很多个"实例。

4.7　实例变量是限定访问范围的全局变量

下面让我们试着从其他角度来看一下类结构。

如前所述，类结构可以将传统定义的全局变量隐藏为类内部的实例变量。为了更深入地理解类结构与传统结构的不同，我们来比较一下实例变量、全局变量和局部变量。

实例变量的特性如下所示。

< 实例变量的特性 >

① 能够隐藏，让其他类的方法无法访问。

② 实例在被创建之后一直保留在内存中，直到不再需要。

全局变量的问题在于，程序中的任意位置都可以对其进行访问。由于全局变量一直存在，所以非常适合用来存储在非子程序运行期间也需管理的信息。而**局部变量**只可以由特定的子程序访问，只能存储仅在子程序运行期间存在的临时信息。

我们将以上比较结果汇总在表 4-1 中。

表 4-1　三种变量的比较

	局部变量	全局变量	实例变量
多个子程序的访问	×（不可以）	√（可以）	√（可以）
限定可以访问的范围	√（只可以由一个子程序访问）	×（程序的任意位置都可以访问）	√（可以指定仅由同一个类中的方法访问）
存在期间	×（在子程序调用时创建，退出时消除，是临时信息）	√（应用程序运行期间）	√（从实例被创建到不再需要）
变量区域的复制	×（在一个时间点只可以创建一个）	×（每个变量只可以创建一个）	√（运行时可以创建很多个）

也就是说，实例变量融合了局部变量能够将影响范围局部化的优点以及全局变量存在期间长的优点。我们可以将实例变量理解为**存在期间长的局部变量**或者**限定访问范围的全局变量**。

实例变量是存在期间长的局部变量或者限定访问范围的全局变量。

另外，实例变量和全局变量一样，在程序中并不是唯一存在的，通过创建实例，能够根据需要创建相应的变量区域。这种灵活且强大的变量结构在传统编程语言中是不存在的（图 4-5）。

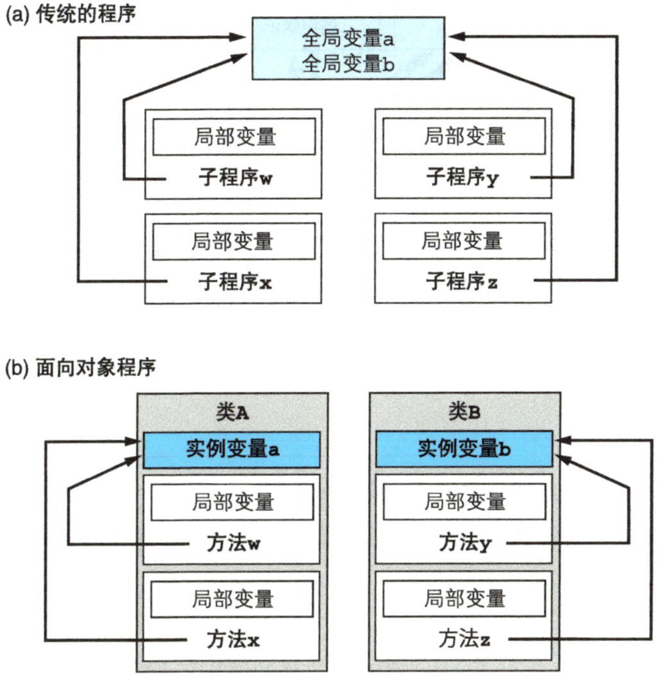

(a) 传统的程序

(b) 面向对象程序

图 4-5　传统的程序和面向对象程序的结构的区别

4.8　三大要素之二：实现调用端公用化的多态

接着我们来看一下三大要素中的第二个要素——**多态**（polymorphism）。顾名思义，多态具有"可变为各种状态"的含义。

简单地说，多态可以说是创建**公用主程序**的结构。公用子程序将被调用端的逻辑汇总为一个逻辑，而多态则相反，它统一调用端的逻辑（图 4-6）。

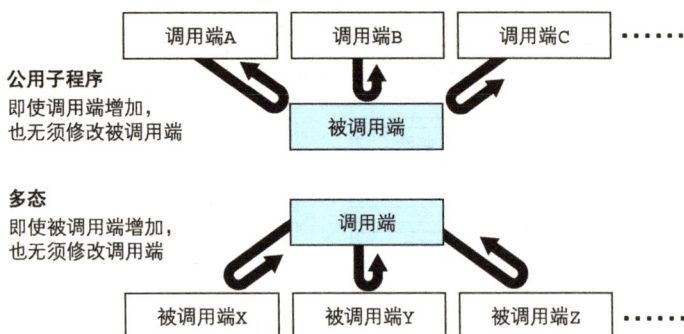

图 4-6　多态的结构

<OOP 的三大要素之二：多态 >

　多态是统一调用子程序端的逻辑的结构，即创建公用主程序的结构。

　　大家可能会觉得"公用主程序"这样的说法有点陈旧，但绝不可小瞧多态。虽说多态只是实现了程序调用端的公用化，但其重要性绝不亚于前面提到的类。在 OOP 出现之前，公用子程序就已经存在了，但公用主程序并没有出现。框架和类库等大型可重用构件群也正是因为多态的存在才成为可能。因此，将多态称为与子程序并列的重大发明也不为过。

　　下面来看一个多态的简单程序示例。我们在前面创建了读取文本文件的类，这次试着创建一个读取通过网络发送的字符串的类，并将该类命名为 NetworkReader（代码清单 4.6）。

代码清单4.6　NetworkReader类

```
public class NetworkReader {
  // 打开网络
  public void open() { /* 省略逻辑处理 */ }
```

```
// 关闭网络
public void close() { /* 省略逻辑处理 */ }

// 从网络读取一个字符
public char read() { /* 省略逻辑处理 */ }
```

为了使用多态，被调用的方法的参数和返回值的形式必须统一。在代码清单4.4中，TextFileReader的open方法的参数指定了文件的路径名，而为了将其与网络处理统一，指定文件的路径名是不恰当的。因此，我们修改一下TextFileReader类，在创建实例时指定文件的路径名（代码清单4.7）。

代码清单4.7 使用多态前的准备

```
public class TextFileReader {
  // 存储正在访问的文件编号的变量
  private int fileNum;

  // 构造函数（创建实例时调用的方法）
  //（通过参数接收路径名）
  public TextFileReader(String pathName) { /* 省略逻辑处理 */ }

  // 打开文件
  public void open() { /* 省略逻辑处理 */ }

  // 关闭文件
  public void close() { /* 省略逻辑处理 */ }

  // 从文件读取一个字符
  public char read() { /* 省略逻辑处理 */ }
}
```

另外，为了使调用端，即公用主程序端无须关注文本文件和网络，我们准备一个新类，并将其命名为TextReader[①]（代码清单4.8）。

———————————

① TextReader也可以不是类，而使用仅声明方法规格的接口来实现。

代码清单4.8　TextReader类

```
public class TextReader {
  // 打开
  public void open() { /* 省略逻辑处理 */ }

  // 关闭
  public void close() { /* 省略逻辑处理 */ }

  // 读取一个字符
  public char read() { /* 省略逻辑处理 */ }
}
```

接着，我们在 `TextFileReader` 和 `NetworkReader` 中声明它们遵循由 `TextReader` 确定的方法调用方式。代码清单4.9 中的 extends `TextReader` 是继承（后述）的声明，意思是遵循超类 `TextReader` 中定义的方法调用方式。

代码清单4.9　继承的声明

```
public class TextFileReader extends TextReader {
  // 其他内容与代码清单 4.7 相同
}

public class NetworkReader extends TextReader {
  // 其他内容与代码清单 4.6 相同
}
```

这样就完成了准备工作。通过多态结构，无论是从文件还是网络输入的字符，我们都可以轻松地编写出计算字符个数的程序（代码清单 4.10）。

代码清单4.10　使用多态

```
int getCount(TextReader reader) {
  int charCount = 0; // 定义存储字符个数的变量
```

```
while (true) {
  char = reader.read();  // 使用多态来读取字符
  // 省略满足结束条件时跳出循环的逻辑
  charCount++; // 递增字符个数
}
return charCount; // 返回字符个数
}
```

在代码清单 4.10 中，getCount 方法的参数可以指定 TextFileReader 或者 NetworkReader。另外，即使添加了其他输入字符串的方法，如控制台输入等，也完全不需要对代码清单 4.10 的程序进行修改（图 4-7）。

图 4-7　利用多态来确保扩展性

4.9　三大要素之三：去除类的重复定义的继承

OOP 三大要素中的最后一个要素是**继承**。

简单地说，继承就是"将类的共同部分汇总到其他类中的结构"。利用该结构，我们可以创建一个公用类来汇总变量和方法，其他类则可以完全借用其定义（图 4-8）。

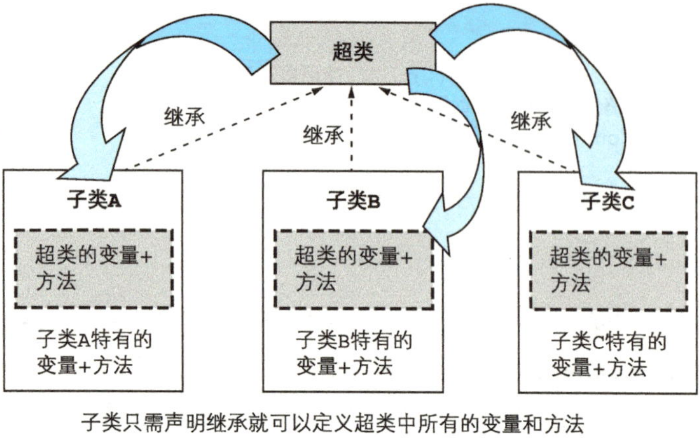

子类只需声明继承就可以定义超类中所有的变量和方法

图 4-8　继承的结构

在 OOP 之前的由子程序构成软件的编程环境中，我们会创建一个公用子程序来汇总重复的命令群。同理，在由类构成软件的 OOP 环境中，我们可以创建一个公用类来汇总变量和方法。也就是说，不仅局限于通过前面介绍的多态来统一调用端，而且还要汇总相似的类中的共同部分。这是一种通过尽可能多地提供功能来让编程变轻松的思想。

在使用继承的情况下，我们将想要共同使用的方法和实例变量定义在公用类中，并声明想要使用的类继承该公用类，这样就可以直接使用公用类中定义的内容。在 OOP 中，该公用类称为**超类**，利用超类的类称为**子类**。

另外，声明继承也就是声明使用多态[1]。因此，在声明继承的子类中，为了统一方法调用方式，继承的方法的参数和返回值类型必须与超类一致（图 4-9）。

---

[1]　这里介绍的继承和多态有时也会分别表示为"实现的继承"和"接口的继承"。

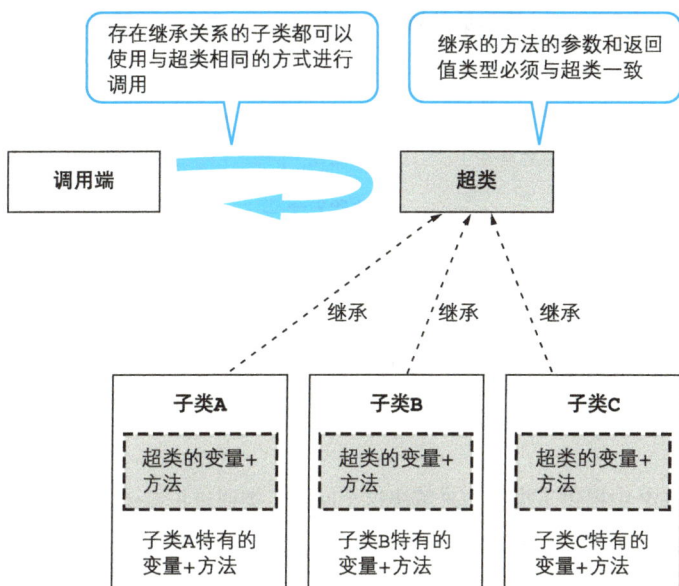

图 4-9 继承和多态

这里省略了继承的示例代码，我们将在第 5 章中详细介绍，感兴趣的读者请参考第 5 章的内容。

下面就让我们来总结一下继承结构。

<OOP 的三大要素之三：继承 >

继承是将类定义的共同部分汇总到另外一个类中，并去除重复代码的结构。

🌀 4.10 对三大要素的总结

对 OOP 的三大要素——类、多态和继承的讲解就到此为止，下面我们再来整理一下（表 4-2）。

表 4-2　对 OOP 三大要素的总结

三大要素	类	多　态	继　承
说明	汇总子程序和变量，创建软件构件	实现方法调用端的公用化	实现重复的类定义的公用化
目的	整理	去除冗余	去除冗余
记法	汇总、隐藏和"创建很多个"的结构	创建公用主程序的结构	将类的共同部分汇总到另外一个类中的结构

　　OOP 之前的编程语言只能通过子程序来汇总共同的逻辑。由于子程序和全局变量是独立存在的，所以很难知道是哪一个子程序修改了全局变量。

　　OOP 中提供了类结构来解决这个问题。类通过汇总子程序和变量，减少了构件数量，优化了整体效果。再加上多态和继承结构，OOP 使得子程序无法实现的逻辑的公用化也成为可能。

　　这三种结构并不是分别出现的，在最初的面向对象编程语言 Simula 67 中就拥有这三种结构，真是让人惊叹。提起 1967 年，就不得不提到无 GOTO 编程，这真是不平凡的一年。OOP 可以看作结构化语言的发展形式，但考虑到它在那个时代就出现了，因此说是编程语言的突然变异也不为过。

　　此外，通过组合这些结构还可以实现之前的子程序无法实现的大型重用（关于框架、类库等大规模软件构件群，我们将在第 6 章进行介绍）。

4.11　通过嵌入类型使程序员的工作变轻松

　　除了上述的 OOP 三大要素之外，我们还有一个重要话题，那就是"通过嵌入类型使工作变轻松的结构"。虽然这主要是类的作用，但也与三大要素有关，所以我们在这里介绍一下。

　　可能有人会对"通过嵌入类型使工作变轻松"的说法产生怀疑，因为"嵌入类型"给人一种比较死板的感觉。而在编程语言的情况下，嵌入类型确实是可以让程序员的工作变轻松的（图 4-10）。

图 4-10　嵌入类型可以让程序员的工作变轻松

在程序中定义存储值的变量时，我们会指定整型、浮点型、字符型和数组型等"类型"。

为什么要给变量指定类型呢？对有经验的程序员来说，给变量指定类型可能已经成了他们的一种编程习惯，没有必要再重新考虑类型的含义等。

指定类型的原因有如下两个。

首先是为了告诉编译器内存区域的大小。变量所需的内存区域会根据类型自动确定，比如整型是 32 位，浮点型是 64 位（实际上，位数会根据硬件、操作系统及编译器的不同而不同）。因此，通过声明变量的类型，编译器就可以计算出在内存中保持该变量所需的内存空间。

其次是为了防止程序发生错误。当写出整数与字符相乘或用数组减去浮点数等比较奇怪的逻辑时，在编译或运行程序时就会发生显式的错误。

4.12　将类作为类型使用

OOP 中进一步推进了这种类型结构，程序员也可以将自己定义的类作为类型使用[①]。

OOP 中可以将类作为类型进行处理。

作为类型的类与数值型、字符型一样，可以在变量定义、方法的参数和返回值的声明等多处进行指定（代码清单 4.11）。

代码清单4.11　使用类的类型声明

```
// 将变量的类型指定为类
TextFileReader reader;

// 将方法的参数类型指定为类
int getCount(TextReader reader) { /* 省略逻辑处理 */ }

// 将方法的返回值类型指定为类
TextReader getDefalutReader() { /* 省略逻辑处理 */ }
```

对于类型指定为类的变量、参数和返回值，如果要存储该类（及其子类）之外的实例，那么在编译和运行程序时就会发生错误[②]。

例如，在使用 Java 编写如下逻辑的情况下，在编译时就会发生错误（代码清单 4.12）。

代码清单4.12　对变量赋值的类型检查

```
TextFileReader reader; ────────(1)
reader = 100;  // 编译错误
reader = new NetworkReader();  // 编译错误        } (2)
reader = new TextFileReader();   // 编译通过 ──────(3)
```

---

① 这称为"用户自定义类型"。

② 在 Python、PHP 和 Ruby 等动态类型语言中，由于在变量中可以存储所有对象，所以并不会在编译时发生错误，而会在对所存储的实例进行方法调用时发生错误。

代码中的 (1) 处将 reader 变量声明为 TextFileReader 类型，因此 reader 变量中只可以存储从 TextFileReader 类创建的实例。(2) 处要将数值和其他类的实例存储到该 reader 变量中，因此会发生编译错误。(3) 处存储了 TextFileReader 类的实例，因此编译通过。

同样，对于方法的参数和返回值的类型，如果指定了错误的实例，也会发生错误（代码清单 4.13）。

代码清单4.13　对方法的参数和返回值的类型检查

```
obj.getCount(new JLabel()); // 编译错误（参数类型错误）

TextReader getDefaultReader() {
    return new JButton(); //  编译错误（返回值类型错误）
}
```

在机器语言和汇编语言时代，这种**类型检查**结构几乎是不存在的。高级语言和结构化语言中导入了一些结构来检查编程语言自带的数据类型和结构体[①]的使用方法。OOP 则更进一步，通过将汇总变量和方法的类定义为类型，从而将类型检查作为一种程序规则来强制要求。

像这样，编译器和运行环境会匹配类型来检查逻辑，因此程序员的工作就会轻松许多。

另外，根据编程语言的种类的不同，这种类型检查结构分为静态类型和动态类型两种。**静态类型**方式在程序编译时检查错误，Java 和 C# 等就采用这种方式。**动态类型**方式在程序运行时检查错误，Python、Ruby、PHP 和 Smalltalk 等采用的就是这种方式。

> 类型检查分为静态类型和动态类型两种方式。

---

① 这是指能够集中持有多个值的数据类型。C 语言中使用 struct 关键字进行定义。

4.13　编程语言"退化"了吗

下面我们暂时换一个话题。关于预防程序错误，在编程语言的规范上也发生了与强化类型检查目的相同的变化。

比如，比较新的编程语言 Java 并不支持 GOTO 语句（该语句导致了面条式代码的产生）。Java 沿用了 C 语言和 C++ 的基本语言规范，并摒弃了一些功能，包括 GOTO 语句、显式指针、结构体、全局变量和宏等。Java 开发者认为这些功能会让程序变得难懂，或者容易出错，所以最好一开始就不提供。

也就是说，随着编程语言的进化，其功能并不是在一味地增加，还会减少，使编程语言朝着看似"退化"的方向发展。人类的进化过程也同样如此。在脑容量变大的同时，人类不再使用的尾巴和盲肠则逐渐退化了。

4.14　更先进的 OOP 结构

到这里为止，我们介绍了 OOP 的三大要素——类、多态和继承，以及类型检查和语言规范的变化。

不过，Java、C#、Python、PHP 和 Ruby 等比较新的编程语言提供了更先进的结构，其中比较典型的有包、异常和垃圾回收。设计这些结构是为了促进重用、减少错误等。下面我们就来简单地了解一下这些结构。

4.15　进化的 OOP 结构之一：包

首先来介绍一下**包**。

前面我们介绍了具有汇总功能的类结构，而包是进一步对类进行汇总的结构（图 4-11）。

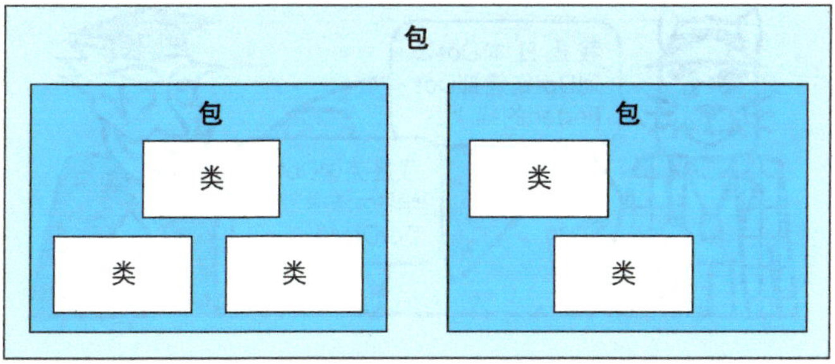

图 4-11　包的结构

　　包只是进行汇总的容器，它不同于类，不能定义方法和实例变量。有的读者可能会想这种结构有什么用，为了回答这个问题，我们来联想一下文件系统中的目录（文件夹）。虽然目录只是存储文件的容器，但是通过给目录命名，并在其下存储文件，文件管理就会变得非常轻松。反之，我们再想象一下没有目录、所有文件都存储在根目录下的状态。如果文件系统是这样的结构，那么使用起来一定很不方便。包的作用也是如此。它与目录一样，除了类之外，还可以存储其他包，从而创建层次结构。

　　采用这种结构，即使是代码行数达到几十万、几百万行的大型应用程序，也可以全部放到几十个包中。通过明确包的作用，并将作用相关的类汇集在一起，使用起来就会非常方便。

　　包还具有防止类名重复的重要作用（图 4-12）。比如，Java 采用类似于网络域名的形式来命名包，首先是国家名称，然后是组织类型（公司、学校等），接下来是组织名称，这是基本的命名规则。只要遵循该规则，无论其他组织编写什么类，都无须关心类名是否重复，从而实现重用。

图 4-12　使用包来避免类名冲突

4.16　进化的 OOP 结构之二：异常

接下来介绍**异常**。

如果用一句话来概括异常，那就是：采用与返回值不同的形式，从方法返回特殊错误的结构。

像网络通信故障、硬盘访问故障或者数据库死锁等，都属于"特殊错误"。除了故障之外，也存在无法返回正常的返回值的情况，比如文件读取处理中返回 EOF（End Of File，文件结束符）。在传统的子程序结构中，通常使用错误码来处理这种情况。具体来说，就是确定值的含义，并将其作为子程序的返回值返回，例如错误码为 1 时表示死锁、为 2 时表示通信故障、为 3 时表示其他致命错误等，但是这种方法存在两个问题。

第一个问题是需要在应用程序中执行错误码的判断处理。如果忘记编写判断处理，或者弄错值，那么在发生故障时就很难确定具体原因。另外，在添加、删除错误码的值的情况下，程序员需要亲自确认所有相关的子程序来改写。

第二个问题是判断错误码的相同逻辑在子程序之间是连锁的。通常在调用端的子程序中必须编写判断错误码的值的逻辑。另外，当调用端的子程序中无法执行错误的后续处理时，就会返回同样的错误码。像这样，如果错误码的判断处理在整个应用程序中连锁，那么程序逻辑就会变得很冗长（图 4-13）。

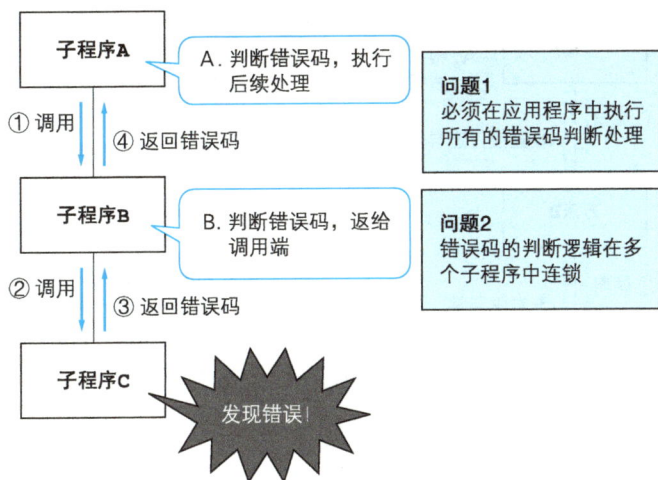

图 4-13　基于错误码方式的错误处理的连锁

异常就是用于解决以上问题的结构。

异常结构会在方法中声明可能会返回特殊错误。这种特殊错误的返回方式就是异常，其语法不同于子程序的返回值。

在声明异常的方法的调用端，如果编写的异常处理逻辑不正确，程序就会发生错误[1]，这样就解决了第一个问题。

另外，在声明异常的方法的调用端，有时在发生错误时并不执行特殊处理，而是将错误传递给上位方法。在这种情况下，只需在方法中声明异常，没有必要编写错误处理，这样就解决了第二个问题（图 4-14）。

---

[1] 在 Java 和 C# 等静态类型语言中会发生编译错误，而在 Python、PHP 和 Ruby 等动态类型语言中则会发生运行时错误。

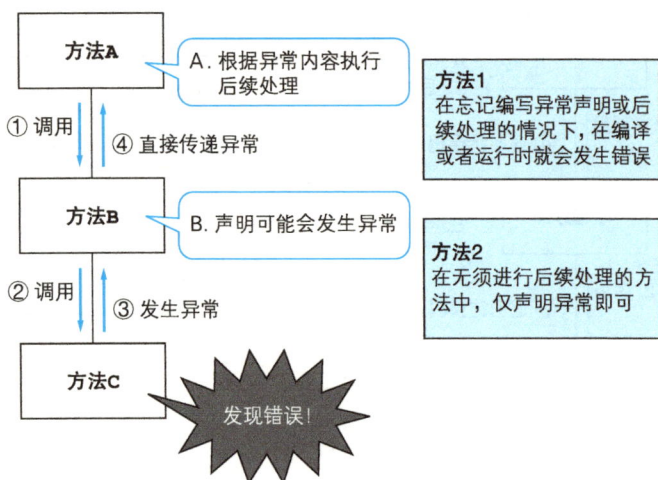

图 4-14 基于异常结构的错误处理

这种结构可以将重复的错误处理汇总到一处，并且当忘记编写必要的错误处理时，编译器和运行环境会进行提醒，非常方便。这种结构可以达到去除冗余、防止错误的效果。

4.17 进化的 OOP 结构之三：垃圾回收

我们在前面介绍类的"创建很多个"的功能时，提到过在运行时创建实例的话题，但并未涉及如何删除实例的相关内容。当创建实例时，就会为实例变量分配相应的内存区域。当采用 OOP 编写的应用程序运行时，为了从类创建实例并执行动作，根据应用程序的不同，有时可能会在运行时创建很多实例。

在 C 和 C++ 等之前的编程语言中，需要在应用程序中显式地指示删除不再需要的内存区域。但是，在编写删除实例的处理代码时需要多加注意。如果误删了其他地方仍在使用的实例，当之后执行到使用该实例的逻辑处理时，程序的动作就会出现错误。反之，如果忘记删除任何地方都不再使用的实例，不需要的实例就会不断增多，从而占用内存，造成内存泄漏。在 OOP 中，使用"创建很多个"功能，我们可以自由地创建实例，但在删除时需要慎重进行。

Java 和 C# 等很多 OOP 中采用了由系统自动进行删除实例的处理的结构，该结构称为**垃圾回收**（Garbage Collection，GC）。

在这种结构中，删除内存中不再需要的实例是系统提供的专用程序——**垃圾回收器**的工作。采用这种结构，程序员就不用再编写容易出错的删除实例的处理了（图 4-15）。

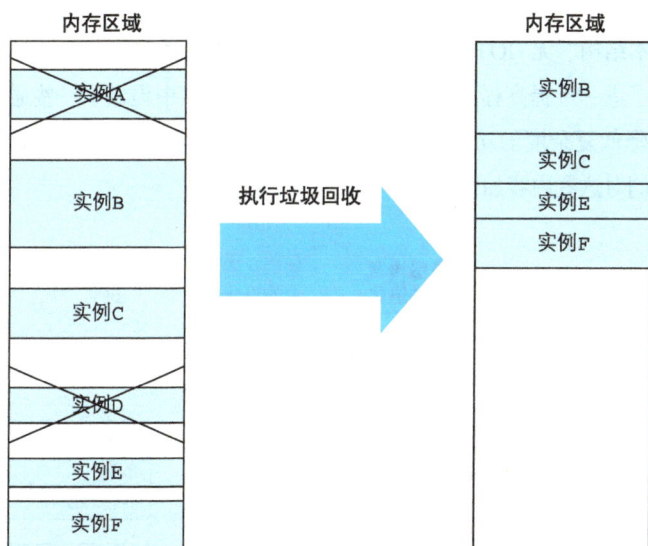

图 4-15 垃圾回收器删除内存中不再需要的实例

这种结构不将容易出错的内存释放处理作为编程语言的语法提供，而是由系统自动执行。正如前面介绍的那样，这也可以看作一种为了让程序员的工作变轻松而"退化"的语言规范。

另外，关于垃圾回收的详细内容，我们将在第 5 章进行介绍。

4.18　对进化的 OOP 结构的总结

本章介绍了 OOP 提供的能让程序员的工作变轻松的结构，包括类、多态、继承、包、异常和垃圾回收，这些结构都有助于编写出高质量的程序。第 3 章中介绍了机器语言到结构化语言的进化，这里我们再整理一下 OOP 中又发生了什么样的进化。

编程语言进化到高级语言时，通过高级命令实现了表现力的提高，使用子程序去除了重复逻辑。

在接下来的结构化语言中，又强化了有助于维护程序的功能，导入了三种基本结构、无 GOTO 编程以及强化子程序独立性的结构。

为了进一步提高程序的可维护性和质量，OOP 中提供了一些通过添加限制来降低复杂度的功能。另外，还大幅强化了构件化、可重用的功能。下面我们对这些内容加以总结，如图 4-16 所示。

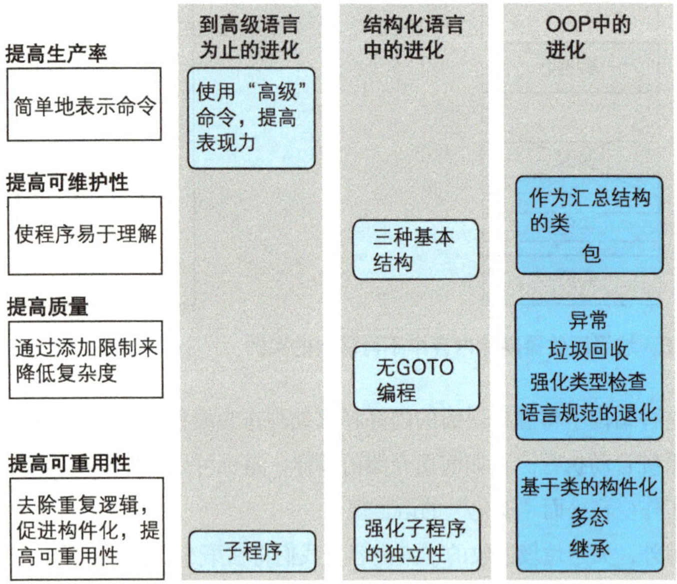

图 4-16　编程语言的进化（之二）

从以上内容可以看出，OOP 绝不是替代了传统的编程技术，而是以之前的编程技术为基础，并针对之前的技术缺点进行了补充。与传统的编程语言相比，OOP 导入了许多变化非常大的独特结构，甚至可以说它是编程语言的突然变异。不过，在编程技术不断发展的过程中，这些结构也是必然会出现的。

为了写出高质量、可维护性强且易于重用的软件，请大家一定要使用 OOP。这是因为 OOP 是凝聚了前人智慧与研究成果的编程技术。

4.19　决心决定 OOP 的生死

有人说面向对象不是结构的问题，而是一种思想。还有人说在 C++ 和 Java 普及之前，只要有干劲，无论是 C 语言还是 COBOL，都可以实现面向对象编程。笔者认为，从某种意义上来说，这些观点不无道理。

这是因为 OOP 是一种手段，其目的不在于被人们使用，而是提高程序的质量、可维护性和可重用性。

本章开头介绍过，OOP 是去除程序冗余、进行整理的编程技术。笔者还打比方说，这就像打扫凌乱的房间需要吸尘器和整理架一样。

当然，仅准备新的吸尘器和使用方便的整理架，房间并不会变整洁。更重要的是要有打扫房间的决心，以及将这种决心转变为行动的执行力。

编程也是一样。仅使用类、多态和继承等结构，并不能提高程序的可维护性和可重用性。在使用这些结构时，即便弄错一个，也会让问题变得很棘手。因此，切不可胡乱使用，否则程序就会变得难以理解。

特别是像 OOP 这样有趣的结构，人们一旦对其有所了解，无论如何都想立即使用，这也是人之常情。如果是出于兴趣而编写的程序，这样做倒没有什么关系，但如果是实际工作中使用的程序，这样就会很麻烦。切记我们的目的是编写出高质量、易于维护和可重用的程序，面向对象只是实现该目的的一个手段而已。

能否充分发挥 OOP 的功能，取决于使用它的程序员。我们首先要思考怎么做才能使程序更容易维护和重用，然后考虑使用三种基本结构和公用子程序来实现。如果这样还不够，那就轮到类、多态和继承大显身手了。

当今的OOP

从网页工具进化而来的 PHP

PHP 是为 Web 系统开发而设计的编程语言。我们可以将 PHP 的处理嵌入 HTML 标记语言中，运行在 Web 服务器上，从而动态生成 Web 页面。

PHP 原本是 Personal Home Page（个人主页）的缩写。后来它扩展了许多功能，进化为真正的编程语言，正式更名为 PHP:Hypertext Processor（PHP：超文本预处理器）。

虽然 Python 和 Ruby 作为 Web 系统开发语言也很受欢迎，但 PHP 的市场份额占有压倒性优势。门户网站、博客、SNS 和购物网站等许多 Web 系统都使用 PHP 开发，世界上约 80% 的 Web 系统是使用 PHP 开发的[①]。

* * *

PHP 的逻辑记述在 HTML 中，编写起来非常简单。如果只是输出 "Hello world" 字符串，那么我们只要在 HTML 中添加一行代码就可以了，而无须声明函数或类（代码清单 4.a）。

在实际的 Web 系统中，我们需要获取 Web 浏览器的输入信息，访问数据库，并编辑用于输出的 Web 页面，还需要执行登录控制和安全对策。

PHP 提供了实现这些处理的功能，比如将从 Web 浏览器输入的字符串自动存储到全局变量中，将从数据库中读取的信息填充到用于输出的 HTML 中。另外，为了判断输入内容的合法性，或者仅对从数据库中读取

代码清单4.a　使用PHP编写Hello world

```
<?php echo '<p>Hello world</p>'; ?>
```

---

① 根据 W3Techs 在 2021 年 2 月的调查结果，PHP 在 Web 系统开发方面的市场占有率约为 79.2%。

面向对象

编程语言

工具

的记录进行处理，PHP 还提供了条件分支和循环等一般编程语言的功能。

不过，随着 Web 系统的功能变得越来越复杂，PHP 程序的规模也变得越来越大，功能不断扩展。针对这种情况，除了需要能够简单地编写程序之外，既有程序的维护和重用也变得重要起来。

从 2004 年发布的 PHP5 开始，PHP 正式支持面向对象编程。当然，PHP 除了支持类、继承和多态之外，还支持命名空间（等价于包）、异常和垃圾回收。通过这些功能，PHP 拥有了许多框架，进而得到了更广泛的普及。

* * *

PHP 出现于互联网的黎明期，随着 Web 系统的发展而不断进化。PHP 最开始只是 HTML 的扩展工具，后来成为一门编程语言，并进化为面向对象编程语言，想想真是有趣！

面向对象编程的情况也类似，它是随着软件规模的扩大及复杂性的提高，可维护性和可重用性受到重视而成为主流的。PHP 进化史可以说是软件开发技术进化史的缩影。

第 5 章

理解内存结构: 程序员的基本素养

热身问答

在阅读正文之前,请挑战一下下面的问题来热热身吧。

问题

请从下图中选出是垃圾回收对象的实例(A~L 的长方形表示实例,箭头表示引用关系)。

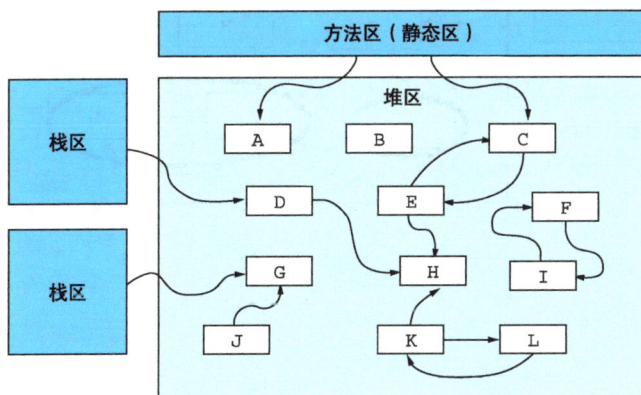

答案

B、F、I、J、K 和 L 这六个实例。

解 析

　　从实例网络的根部——栈区和方法区无法到达的实例就是要删除的对象。

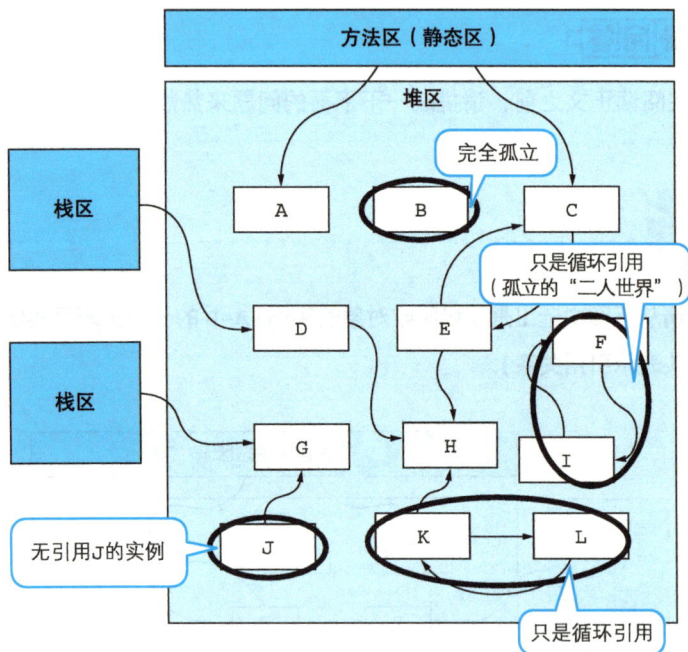

本章重点

第 4 章从编程的角度介绍了 OOP 结构的便捷性。本章将稍微转换一下视角，来介绍使用 OOP 编写的程序在计算机中是怎样运行的。

本章是一个独立的话题。对于使用 OOP 的人来说，本章内容是其应该掌握的基本知识。掌握了内部运行机制之后，也能够更深入地理解 OOP 的功能。希望大家能够借此机会将之前不明白的地方一并掌握。

5.1 理解 OOP 程序的运行机制

在使用 Java、C#、Python、PHP 和 Ruby 等现在主流的编程语言时，我们一般并不关心使用这些语言编写的程序实际是如何运行的。使用 OOP 编写的程序的特征在于内存使用方式，但如果大家在编写程序时完全不了解内部运行机制，那么编写的程序可能就会占用过多内存，从而影响机器资源。有时即便在调试时发现了问题，也有可能什么都做不了。

因此，关于自己所编写的程序的运行机制，我们需要了解一些最基本的知识。在汇编语言占据主流的时代，这种最基本的知识就是硬件寄存器的结构，在 C 语言时代则是指针结构。而在编程语言进一步进化的今天，笔者认为最基本的知识则是"内存的使用方法"。这也可以说是使用 OOP 的程序员的基本素养。

5.2 两种运行方式：编译器与解释器

我们首先来介绍一下程序的基本运行方式，大致可以分为编译器方式和解释器方式两种（图 5-1）。

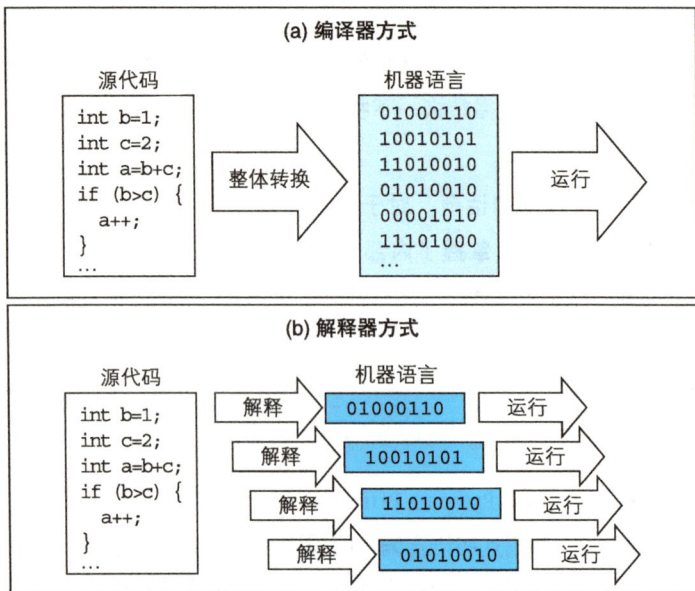

图 5-1　编译器方式和解释器方式

编译器方式是将程序中编写的命令转换为计算机能够理解的机器语言之后再运行。将命令转换为机器语言的程序称为**编译器**。

解释器方式则是一边对源代码中编写的程序命令进行解释一边运行。这种方式能读取源代码并立即运行，因此不需要编译器。如果程序有语法错误，运行时就会发生错误。

这两种方式各有优缺点。

编译器方式的优点是运行效率高。计算机直接读取机器语言执行动作，没有解释程序命令的多余动作，因此运行速度快。而缺点是运行前会耗费一些时间。这是因为程序无法立即运行，需要先进行编译。另外，在发现错误的情况下，还需要将错误修正后才可以运行。

解释器方式的优点是可以立即运行。在使用这种方式的情况下，编写完程序后就可以立即运行以查看结果。另外，该方式还有一个优点，就是可以确保不同平台（机器、操作系统）之间的兼容性。如果将机器语言代码发布到其他环境的硬件中，通常代码是无法运行的①。不过，解释器方式会匹配机器环境进行解释、运行，因此无须对程序进行修改，就可以在多种环境下运行。该方式的缺点是运行速度慢，与编译器方式的优点正好相反。

> 程序的运行方式分为编译器方式和解释器方式两种。编译器方式的运行效率高，而解释器方式能使同一个程序在不同的环境中运行。

这两种方式各有优劣，我们通常会根据具体情况进行选择。在特定的机器环境下，如果应用程序要求较高的处理性能，那么通常会采用编译器方式。政府和银行系统、企业的基础系统等大多采用编译器方式。

对于经由互联网下载到各种机器中运行的软件，解释器方式更能发挥优势。其中，为了提高在 Web 浏览器上显示的画面的操作性而使用的脚本语言等就是典型的例子。另外，即使最终采用编译器方式运行，为了节省编译操作的时间，在有些开发环境中也会使用解释器来执行从编码到调试的工作。

这两种运行方式与编程语言之间基本上没有什么对应关系。实际上，许多编程语言既支持编译器方式，又支持解释器方式。

不过在比较新的编程语言 Java 和 .NET 中，情况则稍有不同。有趣的是，这些编程环境中采用的并非这两种方式，而是**中间代码方式**（图 5-2）。

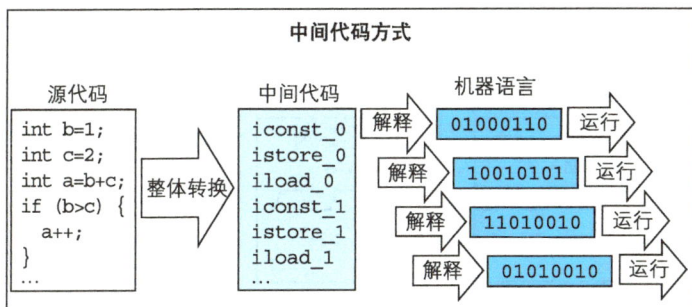

图 5-2　中间代码方式

① 不过，如果使用硬件或者操作系统的虚拟化技术，那么也可以运行不同的机器语言代码。

这种方式首先使用编译器将源代码转换为不依赖于特定机器语言的中间代码，然后使用专门的解释器来解释中间代码并运行。

这样做是为了汲取两种方式的优点：既可以将同一个程序发布到不同的机器上，又可以发扬编译器运行效率高的优点。通常这种贪婪的做法容易导致"鱼与熊掌不可兼得"的结果，但得益于硬件的进步和各种机器共存的互联网环境，这种方式最终得以实现。

采用中间代码方式，同一个程序可以在不同的运行环境中高效地运行。

5.3　解释、运行中间代码的虚拟机

下面我们来简单介绍一下实现中间代码方式的结构。由于中间代码的命令是不依赖于特定运行环境的形式，所以 CPU 无法直接读取并运行。因此，我们需要一种解释中间代码并将其转换为 CPU 能够直接运行的机器语言的结构，这种结构一般被称为**虚拟机**（Virtual Machine，VM）[1]。比如 Java 中的 Java VM（Java Virtual Machine，Java 虚拟机）就是虚拟机结构的一个例子。各个平台都有相应的 Java VM，运行时读取 Java 的中间代码——字节码，转换为该平台使用的机器语言，从而运行程序（图 5-3）。

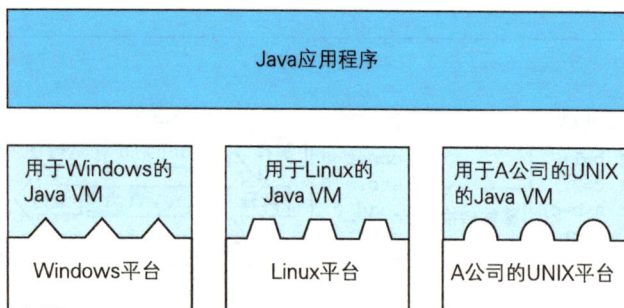

图 5-3　虚拟机吸收平台间的不同

---

[1]　这里介绍的是编程语言层面的虚拟机，除此之外还存在硬件、操作系统等层面的虚拟机。

微软开发的 .NET 的结构也是如此。但是，由于在 .NET 中，C# 和 Visual Basic 等各种编程语言使用共同的虚拟机，所以我们称之为**公共语言运行时**（Common Language Runtime，CLR）。

之所以能进行大规模的重用，即创建类库和框架等可重用构件群，是因为 OOP 提供了类、多态和继承等优秀的编程功能。而之所以能进行大范围的重用，即能在各种平台上使用所创建的软件构件，则是因为使用了虚拟机结构。这种虚拟机结构为促进软件重用做出了重要贡献。

5.4　CPU 同时运行多个线程

在介绍了程序的运行机制之后，接下来我们再介绍另外一个重要的概念——**线程**（thread）。

作为一个计算机术语，线程的意思是"程序的运行单位"[①]。英文单词"thread"是"线"的意思，进一步延伸出"生命线""寿命"的含义，而"生命线"这一含义就能很贴切地表现计算机处理的运行单位。

听到"程序的运行单位"这样的介绍，有的读者可能会联想到在计算机上独立运行的应用程序，比如电子邮件软件、Web 浏览器和电子表格软件等。它们确实也是计算机中的一种运行单位，但这种单位通常被称为**进程**（process）[②]。

进程表示的单位比线程大，一个进程可以包含多个线程。实际上，许多应用程序是使用多个线程实现的，比较常见的例子有文字处理软件中的文本创建和打印处理、Web 浏览器中的请求处理和"停止"按钮的处理等。这些独立的处理是通过一个应用程序中作用不同的多个线程同时并发运行来实现的（图 5-4）。

---

① 在大型机中称为"任务"（task）。

② 在大型机中一般称为"job"。

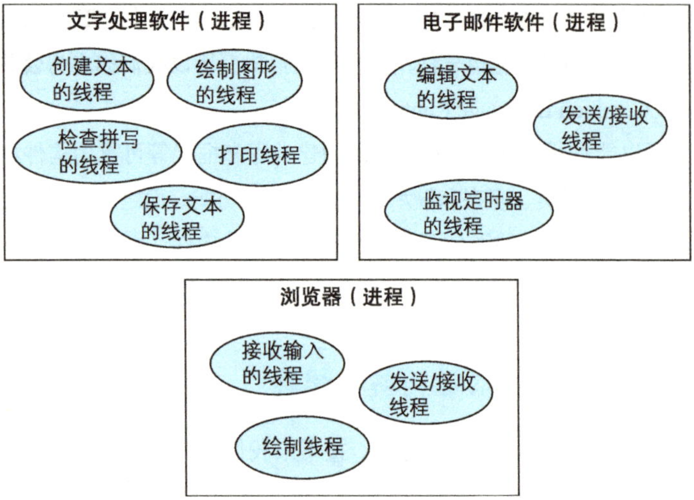

图 5-4　进程和线程的示例

　　虽然我们在这里采用了"多个线程同时并发运行"的说法，但是严格来说，这样的表述并不准确。实际上，计算机的心脏——CPU 在某个时刻只能执行一个处理。那么，我们为什么说并发处理能够实现呢？这是因为 CPU 会依次循环执行多个线程的处理。当 CPU 执行线程的处理时，并不是将一个线程从开始一直执行到结束，而是仅在非常短的规定时间（通常以毫秒为单位）内执行。在执行完这段规定时间后，即使该线程的处理还未完成，计算机也会暂时中断处理，转而处理下一个线程。下一个线程也是如此，仅执行规定的时间，然后马上跳转到下一个线程。虽然 CPU 实际上是在交替执行多个线程的处理，但是由于其处理速度非常快，所以在计算机的使用者看来就像在同时执行多个作业一样[①]（图 5-5）。这种能够同时运行多个线程的环境称为**多线程环境**。这种多线程功能基本上是作为操作系统的功能提供的。

---

① 不过，在一台计算机中搭载多个 CPU 的多处理器结构的情况下，有多少个 CPU，就可以并发执行多少个处理。

图 5-5 依次执行多个作业的多线程功能

为什么要进行这么复杂的操作呢？原因就在于这样可以减少等待时间，提高整体的处理效率。

计算机的工作并不只是执行机器语言的命令，还有读写硬盘、使用打印机打印、与其他联网的计算机进行通信、等待来自鼠标和键盘的输入等，需要与外部进行很多交互。这种与外部的交互对人类而言可能只是一瞬间的事，但对以微秒和毫秒为单位进行作业的 CPU 来说却是很长的等待时间。因此，如果在此期间只是默默等待，那么 CPU 不执行作业的空闲时间就会变得非常多。

为了避免出现这种状态，CPU 不会集中于一个线程的作业，而是会同时执行多个线程的作业。

通过并发处理多个线程，可以高效利用 CPU 资源。

5.5 使用静态区、堆区和栈区进行管理

接下来介绍内存使用方式。正如本章开头介绍的那样，OOP 运行环境的特征就在于内存使用方式。不过，OOP 运行环境与使用传统编程语言编写的程序的运行环境也存在许多共同点。因此，这里我们抛开 OOP 特有的部分，先为大家介绍一下程序运行时一般的内存使用方式。

程序的内存区域基本上可以分为静态区①、堆区和栈区三部分（图 5-6）。

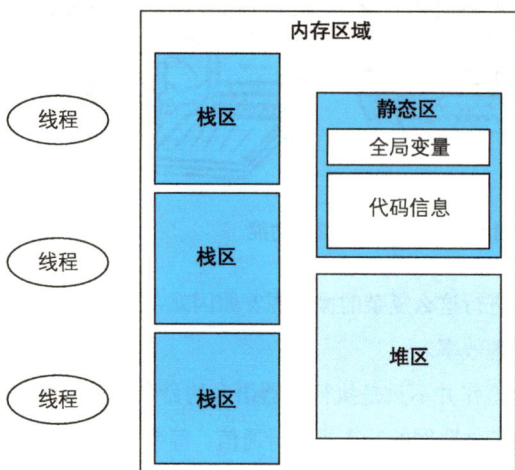

图 5-6　三种内存区域

程序的内存区域分为静态区、堆区和栈区三部分。

下面依次对各个区域进行介绍。

静态区从程序开始运行时产生，在程序结束前一直存在。之所以称为"静态"，是因为该区域中存储的信息的配置在程序运行时不会发生变化。静态变量，即全局变量和将程序命令转换为可执行形式的代码信息就存储在该区域中。

堆区是程序运行时动态分配的内存区域。"堆"的英文"heap"有"许多""大量"之意。由于在程序开始运行时预先分配大量的内存区域，所以命名为堆区。

堆区是在程序运行过程中根据应用程序请求的大小进行分配的，当不

---

① 静态区分为代码区和变量区，也分别称为程序区和静态变量区，本书将二者统称为静态区。

再需要时就将其释放。最好为堆区划分一块较大的空区域，以便有效利用内存。在多个线程同时请求内存时，也需要保持一致性，因此一般由操作系统或虚拟机提供管理功能。实际的分配和释放处理都是通过该管理功能进行的。

　　栈区是用于线程的控制的内存区域。堆区供多个线程共同使用，而栈区则是为每个线程准备一个。各个线程依次调用子程序（在 OOP 中是方法）执行动作。栈区是用于控制子程序调用的内存区域，存储着子程序的参数、局部变量和返回位置等信息。

　　栈区这一名称来源于其使用方法。"栈"的英文"stack"有"堆积"的含义。栈区中不断堆积新的信息，使用时从最上面放置的信息开始使用，这种用法称为**后进先出**（Last In First Out，LIFO），如图 5-7 所示。子程序调用是嵌套结构，在调用的子程序的处理结束之前，再次调用子程序。通过这种方式，可以高效地使用内存区域。

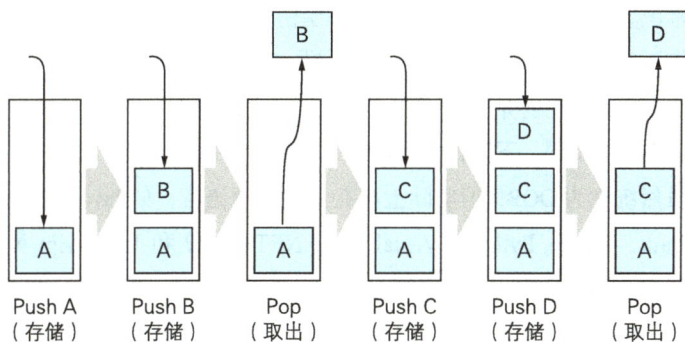

　　Push A　　Push B　　Pop　　　Push C　　Push D　　Pop
　（存储）　（存储）　（取出）　（存储）　（存储）　（取出）

图 5-7　栈区的用法（后进先出）

　　三种内存区域的特征如表 5-1 所示。

表 5-1　三种内存区域的特征

类　　型	静　态　区	堆　区	栈　区
用法	在应用程序开始运行时分配	开始时分配一定的区域，之后会根据需要再为应用程序分配	后进先出
存储的信息	全局变量、代码信息	任意（取决于应用程序）	调用的子程序的参数、局部变量和返回位置
分配单位	为整个应用程序分配一个	为一个系统或应用程序分配一个	为每个线程分配一个

5.6　OOP 的特征在于内存的用法

到这里为止，我们介绍了一般的程序运行环境，包括编译器、解释器、虚拟机、线程和内存管理等。对于程序员来说，这些内容可以说是必须掌握的常识。如果之前读者有什么地方不明白，请一定借此机会牢记。

接下来我们将探讨 OOP 特有的话题。即使是使用 OOP 编写的程序，其基本结构也与之前介绍的一样。不过，使用 OOP 编写的程序的内存用法与之前有很大不同，下面我们就来详细地说明一下。

虽然统称为 OOP，但实际上存在许多编程语言，如 Java、C++、C#、Smalltalk、Ruby、Python、Visual Basic.NET、PHP 和 JavaScript 等。这些编程语言都支持类、多态和继承这三大要素的功能，不过语言规范略有不同。另外，根据编译器、操作系统等的不同，运行时的机制有时也会不一样。

接下来，我们以 Java 为例来介绍程序的运行机制。不过，这里的目的是从原理上介绍 OOP 的结构，而不是介绍 Java 的详细结构。因此，如果读者想要知道 Java 等具体编程语言的运行环境的结构，请参考相关图书和产品手册等。

5.7　每个类只加载一个类信息

我们在第 4 章中介绍过，当使用 OOP 编写的程序运行时，会从类创建实例并执行动作。而实际上，当程序运行时，在创建实例之前，需要将对应的类信息加载到内存中。

这里所说的类信息，是不依赖于各个实例的类固有的信息。类信息的内容根据编程语言的不同而有所变化，但无论哪种语言，最重要的都是方法中编写的代码信息。即使是从同一个类创建的实例，实例变量的值也各有不同，但方法中编写的代码信息是不会变的。因此，代码信息是类固有的信息，每个类只加载一个。

每个类只加载一个"方法中编写的代码信息"。

加载类信息的方式大致分为两种：一种方式是预先统一加载所有类信息；另一种方式是在需要时依次将类信息加载到内存中。

前者是在应用程序开始运行时将所定义的类全部加载到内存中。这种在最开始就加载所有代码信息的方式是传统编程语言中采用的一般结构。在 OOP 中，考虑到与 C 语言的兼容性而创建的 C++ 也采用该方式。

Java 和 .NET 等则采用后一种方式。通常使用解释器来执行的 Python、PHP 和 Ruby 等基本上也采用这种方式。在使用该方式的情况下，每当所执行的代码使用新类时，都会从文件中读取对应的类信息并加载到内存中。此时，该信息会与其他已经加载的类信息进行关联。虽然采用此种方式会在每次读取新类时都产生额外开销，导致运行性能变差，但由于实际上只使用运行的代码所占用的内存，所以能够减少整体的内存使用量。另外，使用该方式还可以保证运行时的灵活性，比如在各个网络中分散管理的程序文件在运行时更容易结合起来运行等。

加载类信息的内存区域相当于图 5-6 中的静态区。不过，Java 中采用依次加载所需的类信息的方式，在运行时内存配置会发生变化，因此将加载类信息的内存区域称为**方法区**，而不是静态区[①]。本章及之后的讲解都将使用"方法区"这一术语。不过，为了便于与前面的讲解进行对比，我们会根据需要使用"方法区（静态区）"的表述。

5.8　每次创建实例都会使用堆区

接下来介绍实例的结构。

在执行创建实例的命令（Java 中是 new 命令）时，程序会在堆区分配所需大小的内存，用于存储该类的实例变量。这时，为了实现指定实例来调用方法的结构，还需要将实例和方法区中的类信息对应起来。

第 4 章的图 4-4 展示了针对每个实例都有方法和变量在内存中展开的情况，不过它只是一个抽象的示意图。其实在每个类中，方法中编写的代码信息都只存在于一个位置，通过实例指向该位置进行管理。

以第 4 章中编写的持有三个方法的 TextFileReader 类为例，三个方法间的关系如图 5-8 所示。

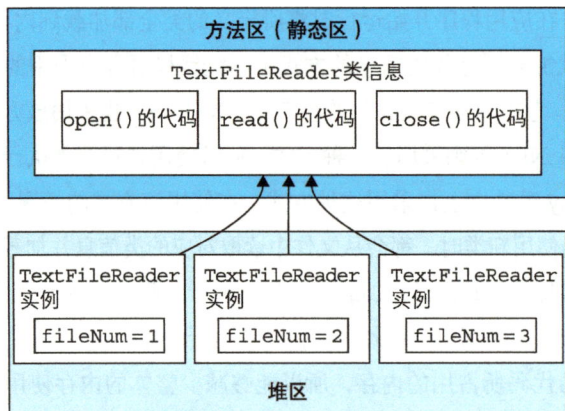

图 5-8　在堆区中分配内存的例子

---

① 在 Java 中，加载的类信息除了方法之外，还包括类本身定义的类变量（static 变量）、常量信息，以及类名和方法名等符号信息。

OOP 中的内存使用方法的最大特征就是实例的创建方法。

在使用传统编程语言编写的程序中，通过将代码和全局变量配置在静态区，并使用栈区传递子程序的调用信息，几乎可以实现所有处理。堆区在执行分配处理时会产生额外开销，另外，如果在使用完后忘记释放内存，还容易造成内存泄漏问题。

不过，在 Java 等诸多 OOP 中，创建的实例都被配置在堆区中。程序员必须意识到"使用 OOP 编写的程序会大量使用有限的堆区来运行"这一点。

> 使用 OOP 编写的程序会大量使用有限的堆区来运行。

由于近来硬件的性能得到了极大的提升，从整体来看，从堆区分配内存、释放内存的额外开销已经变得非常小了。另外，得益于垃圾回收功能（后述），我们也几乎不用在意忘记释放不再使用的内存而导致内存泄漏问题了。

不过，虽说内存容量变大了，但同时创建几万、几十万个实例还是会使 CPU 的负荷变大，从而造成内存区域不足，甚至引发系统故障。

因此，当编写的应用程序要一下子读取大量信息并进行处理时，我们必须预先规划该处理会使用多少堆区。

5.9　在变量中存储实例的指针

本节将介绍创建的实例是如何存储到变量中的。首先我们再来看一下第 4 章中从 TextFileReader 类创建实例的代码示例（代码清单 5.1）。

代码清单5.1　创建TextFileReader的实例

```
TextFileReader reader = new TextFileReader();
```

通过前面的介绍我们已经知道，创建的 TextFileReader 类的实例被配置在堆区中。

那么，变量 reader 中存储的是什么信息呢？

该变量并不一定在堆区中。如果是方法的参数或局部变量，则配置在栈中，也有可能配置在方法区（静态区）的类信息中。

因此，变量 reader 中存储的并不是 TextFileReader 类的实例本身，而是堆区中创建的实例的**指针** [1]。

> 存储实例的变量中存储的并不是实例本身，而是实例的指针。

用一句话来说，指针就是"表示内存区域的位置的信息"。假设堆区中分配的内存区域是土地，那么指针就相当于住址。不管土地多么辽阔，住址的形式都是省、市、区、街道、门牌号。指针也是如此，无论内存区域多大，其表示形式都是固定的。采用该方法，就可以不用在意实例的大小，一直使用相同的形式来管理实例（图 5-9）。

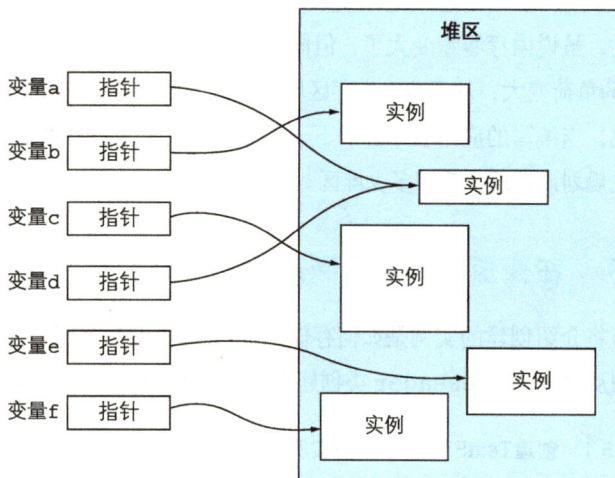

图 5-9　在变量中存储指针

C++ 中可以指定是在变量中存储实例本身还是指针，而 Java 无法在变

---

[1]　在 C++ 中，该术语用来描述内存位置，分为可进行加减等运算的"指针"和不可修改的"引用"两种。在本书中，为了便于讲解内存的内部结构，统一称为"指针"。

量中直接存储实例。随着 Java 的语言规范逐渐变得简单，堆区中存储的实例的内存管理可以通过垃圾回收自动进行，因此，通常在堆区创建实例，并在变量中存储指针。

5.10　复制存储实例的变量时要多加注意

下面我们来介绍一个编程时应该注意的事项。

那就是复制存储实例的变量时的动作。如果在编程时不加以注意，就可能会引起难以察觉的 bug。

接下来，我们使用一段 Java 代码来对此进行说明。

首先定义一个非常简单的 Person 类，该类仅持有一个姓名的实例变量（代码清单 5.2）。

代码清单5.2　简单的Person类

```
class Person {           // Person 类
  private String name;   // 持有姓名的实例变量
  public void setName(String nm) {  // 设置姓名的方法
    this.name = nm;      // 将姓名设置为实例变量
  }
  public String getName() {  // 获取姓名的方法
    return this.name;      // 返回持有的姓名
  }
}
```

然后，我们准备两个变量来存储 Person 类的实例，并分别设置姓名（代码清单 5.3）。

代码清单5.3　给Person设置姓名

```
Person musician = new Person(); // (1) 创建 Person 实例
Person john = musician; // (2) 赋给变量 john
john.setName("John");    // (3) 给变量 john 设置姓名
```

```
Person paul = musician; // (4) 赋给变量 paul
paul.setName("Paul");   // (5) 给变量 paul 设置姓名
```

之后，输出两个变量的姓名（代码清单 5.4）。

代码清单5.4　输出Person的姓名

```
System.out.println(john.getName()); // 输出变量 john 的姓名
System.out.println(paul.getName()); // 输出变量 paul 的姓名
```

结果如下所示（代码清单 5.5）。

代码清单5.5　输出Person姓名的结果

```
Paul
Paul
```

好奇怪！明明将姓名"John"赋给了变量 john，将姓名"Paul"赋给了变量 paul，为什么最终都变为"Paul"了呢？如果你认为这是理所当然的，那么请跳过接下来的讲解，直接进入下一节。

遗憾的是，一定还有读者不太明白，这是因为他们没有充分理解实例和存储实例的变量之间的关系，请不明白的读者务必阅读接下来的内容。

让我们从头开始依次讲解代码清单 5.3 的运行结果。首先从 (1) 处开始，这里在堆区创建 Person 实例，并将该实例的指针（表示位置的信息）存储到变量 musician 中。此时的内存状态如图 5-10 所示。

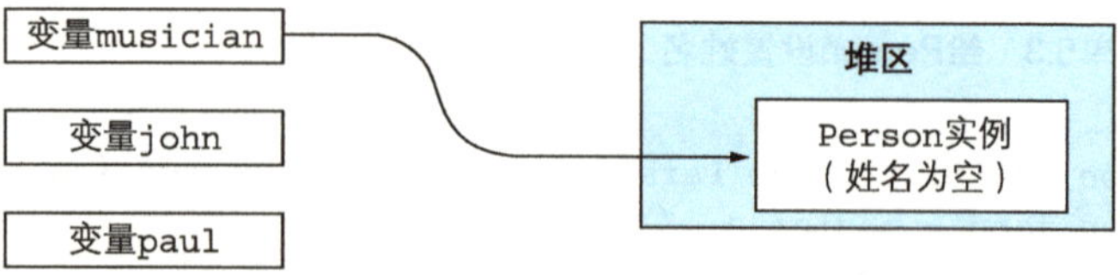

图 5-10　代码清单 5.3 中 (1) 处的堆区

到这里并没有问题。然后，在 (2) 处将变量 musician 的内容赋给变量 john，在 (3) 处将姓名设置为 "John"。此时的内存状态如图 5-11 所示。

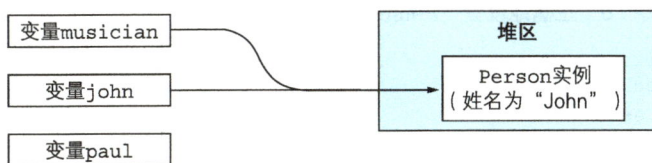

图 5-11　代码清单 5.3 中 (3) 处的堆区

这里需要注意的是 (2) 处的赋值处理。从图 5-11 可以看出，这里只是复制了 Person 实例的指针，在堆区中配置的 Person 实例依然只有一个。关于这一点，即使查看代码清单 5.3 的代码，可能也很难立马发现。不过，在 Java 中，仅当执行 new 命令时才会在堆区新创建实例，像 (2) 处这样对存储实例的变量进行赋值时，只是复制了指针而已。

在这种状态下，即使在 (4) 处再次将变量 musician 的内容赋给变量 paul，由于 Person 实例只有一个，所以变量 paul 与变量 john 指向的内容也相同。在 (5) 处将姓名设为 "Paul" 之后，状态如图 5-12 所示。

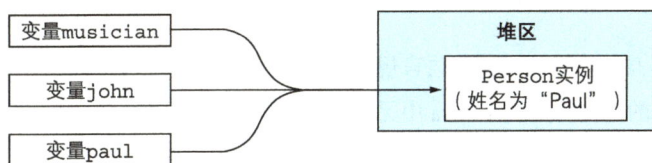

图 5-12　代码清单 5.3 中 (5) 处的堆区

在这种状态下，如果输出的是变量 john 和 paul 指向的实例的姓名，结果都会得到 "Paul"。这是因为三个变量都指向同一个实例，所以产生这样的结果也是理所当然的。

需要注意的是，在代码清单 5.3 的 (2) 处和 (4) 处，无论复制多少个变量，复制的都只是存储实例的指针（表示位置的信息）。实例本身一直都只有一个，并不会改变。

在 Java 中, 为了在堆区创建实例, 需要使用 new 命令。这里我们来参考一下正确地设置了 Person 实例的姓名的代码, 如代码清单 5.6 所示。

代码清单5.6 正确地设置了Person实例的姓名的代码

```
Person john = new Person(); // 创建 Person 实例
john.setName("John");       // 给变量 john 设置姓名
Person paul = new Person(); // 创建 Person 实例
paul.setName("Paul");       // 给变量 paul 设置姓名
```

如果像这样分别对两个变量使用 new 命令来创建实例, 则内存的状态如图 5-13 所示。这样一来, 我们就可以对两个变量分别指向的实例设置不同的姓名。

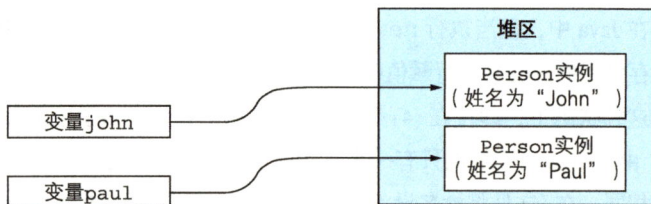

图 5-13 执行代码清单 5.6 后的堆区

在 Java 中, 为了简化语言规范, 我们无法在程序中显式地操作表示实例位置的指针。虽然在 Java 中无法显式地操作指针, 但变量中存储的是指针, 当在方法的参数和返回值中指定对象时, 实际传递的也是指针。程序员需要充分理解这些内容。

最后, 我们再来汇总一下需要注意的地方。

> 变量中存储的并不是实例本身, 而是实例的指针 (表示位置的信息)。
> 当将存储实例的变量赋给其他变量时, 只是复制指针, 堆区中的实例本身并不会发生变化。

5.11 多态让不同的类看起来一样

我们在第 4 章中介绍过，多态是创建公用主程序的结构。这种结构的关键在于，即使替换被调用端的类（相当于子程序），也不会影响调用端的类（相当于主程序）。

具体的实现方法有很多种，这里我们以最典型的**方法表**[1]方式为例进行介绍。

首先在各个类中准备一个方法表。该方法表中依次存储着各个类定义的方法在内存中展开的位置，即方法的指针[2]，具体情形如图 5-14 所示。

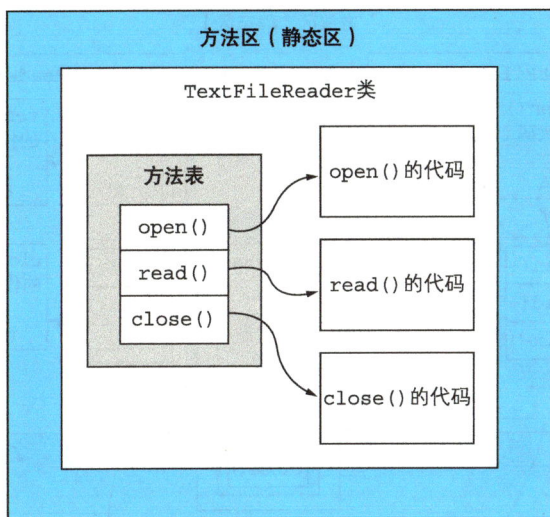

图 5-14　方法表

多态中需要将对象类的方法调用方式全部统一，即让被调用的类"看起来都一样"。

---

[1] 也称为虚函数表。

[2] 在 C 语言和 C++ 中称为函数指针。

　　方法表就是用于让不同的类看起来都一样的结构。我们创建一个方法表来汇集指向方法存储位置的指针，将对象类统一为该形式，这样就完成了准备工作。

　　当调用方法时，编译器会通过该方法表找到目标方法来执行。这样一来，即使方法中编写的代码不同，也可以统一调用方式。这里我们对多态结构加以整理，如图 5-15 所示。前面我们说方法表是用于让不同的类看起来都一样的结构，其实更准确的说法应该是，方法表是让不同的类都戴上相同"面具"的结构。不同的类的方法各不相同，但通过戴上同一个面具——方法表，在调用端看来它们就都一样了。

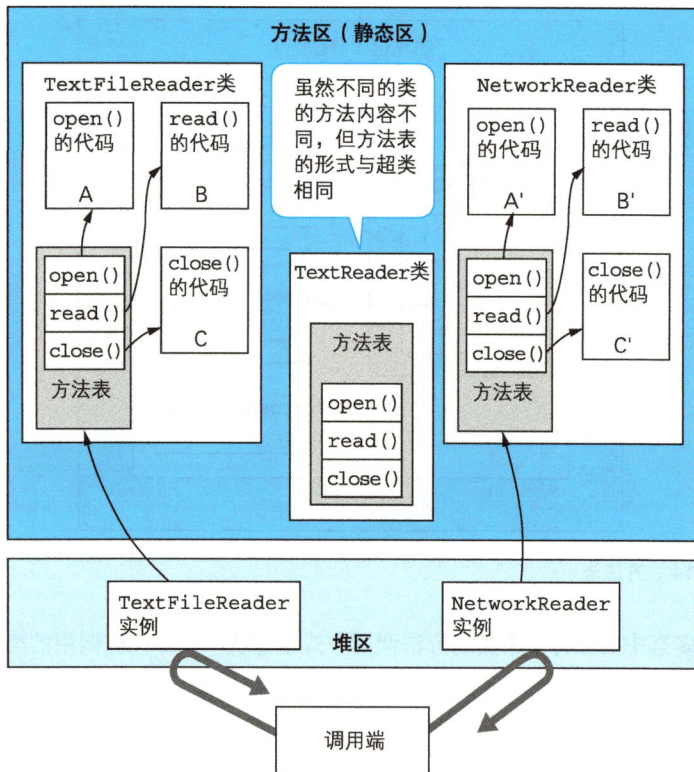

图 5-15　实现多态的内存结构

图 5-15 中有 TextFileReader 和 NetworkReader 两个实例，由于方法表的形式与超类 TextReader 相同，所以我们可以采用相同的方式对这两个实例调用方法。

这里介绍的多态结构都是由编译器和运行环境提供的，因此程序员无须关注该结构。从运行效率来看，采用这种结构的做法比单纯调用方法的做法效率低，但就现在的机器性能而言，差别其实并不大。

5.12 根据继承的信息类型的不同，内存配置也不同

接下来介绍继承。

我们在第 4 章中介绍过，继承是将类的共同部分汇总到其他类中的结构，这里的"共同部分"具体是指共同的方法和实例变量。使用继承结构，超类的定义信息就可以直接应用到子类中。

不过，即使继承的信息一样，从内存配置的角度来看，方法和实例变量也是完全不同的。下面我们来介绍一下继承的信息在内存中是如何配置的。

以继承了 Person 类的 Employee（员工）类为例。Employee 类非常简单，它持有员工编号 employeeNum 的实例变量，以及获取和设置员工编号的方法，具体代码如代码清单 5.7 所示。

代码清单5.7 Employee类

```
class Employee extends Person {   // Employee 类（继承 Person 类）
  private int employeeNum;   // 持有员工编号的实例变量
  public void setEmployeeNum(int empNum) { /* 省略逻辑处理 */ }
  public int getEmployeeNum() { /* 省略逻辑处理 */ }
}
```

由于该 Employee 类继承了 Person 类，所以可以直接使用 Person 类中定义的方法和实例变量。

最开始的内存配置的整体情况如图 5-16 所示。

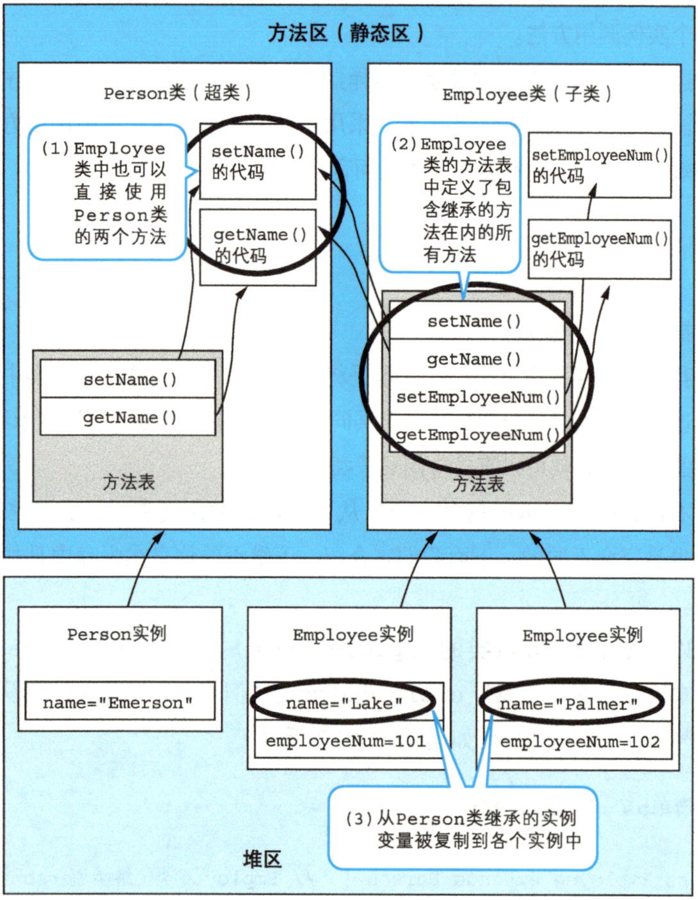

图 5-16　继承的信息的内存配置

我们先从方法开始介绍。

子类中可以直接使用超类中定义的方法。由于方法区中存储的代码信息也可以被直接使用，所以子类中会使用超类的信息，而不将继承的方法的代码信息在内存中展开（图 5-16 中 (1) 处的说明）。另外，由于能够对子类的实例调用超类中定义的方法，所以在子类的"面具"——方法表中定义了包含继承的方法在内的所有方法（图 5-16 中 (2) 处的说明）。

也就是说，继承的方法虽然存储在方法表中，但实际的代码信息使用的却是超类的内容。

接着我们再来看一下实例变量。通过继承，实例变量的定义也被复制到了子类中，但实际的值却会根据实例的不同而有所不同。因此，堆区中创建的子类的所有实例都会复制并持有超类中定义的实例变量（图 5-16 中 (3) 处的说明）。这样一来，所有的实例都会被分配变量区域，这与使用"隐藏"功能声明为 private（私有）的实例变量是一样的，请大家注意。

> 从超类继承的方法和实例变量的内存配置是完全不同的。
>
> 堆区中的子类的所有实例都会复制并持有超类中定义的实例变量。

5.13 孤立的实例由垃圾回收处理

最后我们来介绍一下 OOP 运行机制中的垃圾回收。正如第 4 章中介绍的那样，垃圾回收会自动删除堆区中残留的不再需要的实例。虽然这项功能对程序员来说非常便捷，但是实现起来却非常复杂。

因此，本书中不会深入介绍垃圾回收的详细结构。不过，理解什么状态的实例是垃圾回收的对象是使用 OOP 的程序员应该具备的基本素养。如果不了解这部分内容，编写出来的代码就可能会残留大量无法删除的实例，这样一来，无论垃圾回收的算法多么优秀也无法防止内存泄漏。因此，接下来笔者将为大家介绍垃圾回收的基本结构，以及什么样的实例是删除对象。

我们先来看一下由谁执行垃圾回收。其实垃圾回收是由一个被称为**垃圾回收器**的专用程序执行的。该程序由编程语言的运行环境（在 Java 中为

Java VM）提供，并作为独立的线程运行。该程序会在适当的时间点确认堆区的状态，当发现空内存区域变少时，就会启动垃圾回收处理。

看到这里大家可能会产生疑问：垃圾回收器是怎么判断实例不被需要了呢？

答案就是"发现孤立的实例"。

使用 OOP 编写的应用程序通过从类创建实例并对该实例调用方法来运行，并且实例还可以引用其他实例（具体结构是在变量中存储实例的指针，相关内容我们已经在前面介绍过了）。在使用 OOP 编写的应用程序中会创建很多实例，它们互相引用，整体构成一个网络。

这种实例网络并不只在堆区发挥作用，在栈区和方法区（静态区）中也会起到很重要的作用。

我们在前面介绍过，作为一般的程序结构，正在运行的方法的参数和局部变量存储在栈区中。OOP 也是如此。不过在 OOP 中，参数和局部变量可以指定实例。在这种情况下，栈区中存储的是堆区中的实例的指针。方法区也可以引用堆区的实例[1]，这里就不再详细介绍了。

栈区和方法区中存储着应用程序处理所需的信息，因此这里引用的实例不会成为垃圾回收的对象。也就是说，栈区和方法区是网络的"根部"。

脱离网络关系的实例，即从根部无法到达的实例，就是垃圾回收的对象。

讲到这里，我们再来看一下本章开头的热身问答。

< 热身问答 >

请从图 5-17 中选出是垃圾回收对象的实例（A~L 的长方形表示实例，箭头表示引用关系）。

_____

[1]　类变量（static 变量）的内存区域在方法区（静态区）中分配。

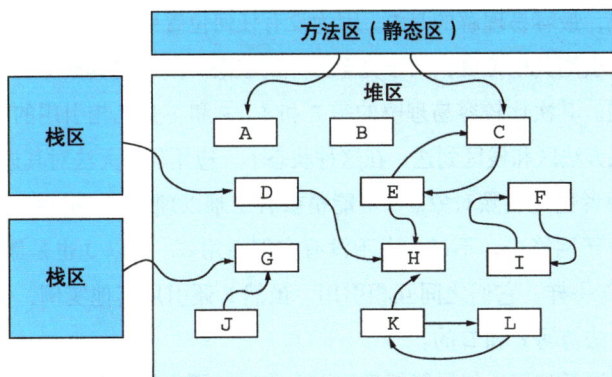

图 5-17　垃圾回收测试

< 问题的答案和解析 >

正确答案是 B、F、I、J、K 和 L 这六个实例（图 5-18）。

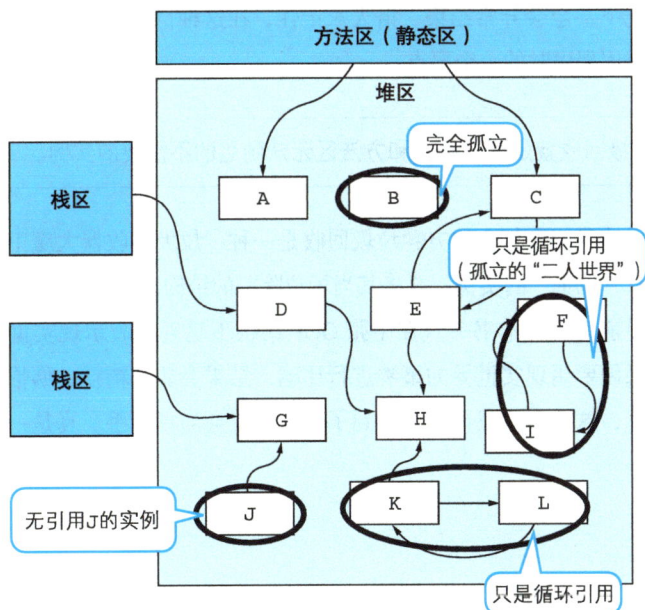

图 5-18　垃圾回收问题的答案

首先，最容易理解的是 B。因为没有任何位置引用该实例，该实例本身也没有引用其他位置，处于完全孤立的状态，所以将其删除也不会引发任何问题。其次比较容易理解的是 F 和 I。F 和 I 是互相引用的关系，但都无法从方法区和栈区到达。在这种状态下，应用程序无法对其进行访问，因此这两者也是删除对象。J 可能稍微有点难以理解。J 引用 G，乍一看它好像位于网络中。不过，由于没有实例引用 J，所以 J 也是删除对象。K、L 与 J 一样。它们之间互相引用，虽然 K 还引用其他实例，但从其他位置是无法访问 K 和 L 的。

各位感觉如何？如果能够理解以上内容，那么就说明你具备垃圾回收相关的基本素养。如果做错了，请一定再试着挑战一下。

在编程时应该注意的是，栈区和方法区不要一直引用不再需要的实例。不过，在实际编程时很难注意到这一点，而且在没有连锁引用大量实例时也无须在意。不过，如果内存使用率过高，程序运行速度会变得很慢，在极端情况下甚至会异常结束。请大家记住，在这种情况下，垃圾回收机制是调试应用程序时的一个要点。

> 垃圾回收就是删除栈区和方法区无法到达的不需要的实例。

最后让我们来打个比方：垃圾回收是一种"垃圾回收器大魔王找到与谁都没有'拉手'的实例，并将其当场清除"的结构。

到目前为止，本书一直在主张 OOP 结构不是直接表示现实世界的技术，如果硬要用现实世界的事物进行比喻，结果会非常糟糕。哪怕只是松开手一下，这个实例就再也见不到了，大魔王会当场下手。真是一个可怕的世界！

深入学习的参考书

第 4 章和第 5 章相关的参考书如下所示。

[1] 小森裕介. なぜ、あなたは Java でオブジェクト指向開発ができないのか——Java の壁を克服する実践トレーニング [M]. 东京: 技術評論社，2004.

☆☆☆

该书通过猜拳、抽乌龟和憋七等常见的简单游戏程序，详细地介绍了 Java 中的 OOP 结构、使用 UML 的类设计，以及可重用框架的创建方法等。特别推荐给程序员新手及熟悉 COBOL 和 C 语言的程序员阅读。

[2] 结城浩. 改訂第 2 版 Java 言語プログラミングレッスン（下）——オブジェクト指向を始めよう [M]. 东京: SoftBank Creative，2005.

☆☆☆

承接上卷对控制语句、变量定义等 Java 基本语法的讲解，该下卷讲解了类和实例、继承和多态、包、异常、垃圾回收，以及 Java 类库中包含的基本类的用法和线程功能等。该书介绍得非常细致，还设置了热身问答、练习题等，以帮助读者加深理解。推荐给想要正式学习 Java 的面向对象功能的读者阅读。

[3] 高桥征义，后藤裕藏. Ruby 基础教程（第 5 版）[M]. 何文斯，译. 北京: 人民邮电出版社，2017.

☆☆

该书从体验 Ruby 编程开始，对 Ruby 的语法、基本类的用法和 Ruby 特有的功能等进行了介绍，最后介绍了应用示例，逐步推进，结构非常清晰。该书非常适合 Ruby 编程的初学者阅读。

[4] 科里·奥尔索夫. Python 编程无师自通：专业程序员的养成 [M]. 宋秉金，译. 北京：人民邮电出版社，2019.

☆☆

该书详细介绍了 Python 的基本语法和面向对象编程的功能。虽然这本书篇幅不长，但除了讲解 Python 之外，还简单介绍了 Bash、正则表达式和 Git 等职业程序员应该掌握的一些技术。后半部分介绍的美国 IT 行业的求职方法和面试技巧也非常有趣。

[5] 梅泽真史. 自由自在 Squeak プログラミング [M]. 东京：SRC，2004.

☆☆

建议想要深入理解面向对象的概念的读者了解一下 Smalltalk。"一切都是对象"（everything is an object）的开发环境将带给你超越本书"OOP 是结构化语言的进化形式"这一主张的灵感。这是一部接近 600 页的大作，但由于作者对 Smalltalk 有深入的理解，所以内容讲解细致、语言明快，读起来非常顺畅。

[6] 中村成洋，相川光. 垃圾回收的算法与实现 [M]. 丁灵，译. 北京：人民邮电出版社，2016.

☆☆☆

这是一本系统地汇总了垃圾回收相关内容的雄心之作。该书结合大量形象的插图和示例代码，对在应用程序系统中运行的垃圾回收的算法与实现进行了细致的讲解。强烈推荐给有志于创建出一流架构的技术人员阅读。

编程往事

OOP 中 dump 看起来很费劲？

大家猜猜，笔者在刚知道 OOP 时的感想是什么？

读到这里的读者可能会猜测：

"厉害！这样应该就可以创建独立性很强的软件构件了！"

"使用多态可以创建公用主程序，好方便！"

但其实并不是这样，而是"dump 看起来好像很费劲啊"。

听到"dump"，如今的程序员可能会想到翻斗车（dump car）吧。

* * *

"dump"作为大型机时代的系统开发方面的术语，是指"memory dump"（内存转储）。"dump"是"倾倒"的意思，这里是指将程序异常

结束时的内存内容汇总到一起输出的结果。

memory dump 的形式如图 5-a 所示。一般情况下，左侧输出内存地址，中间以十六进制数的形式输出内存内容，右侧输出将内存内容转换为字符形式后的值。

笔者在使用汇编语言和 COBOL 编写程序时，调试时要从多达几十页的 memory dump 中查找要确认的变量，一边添加行标记，一边确认状态，然后确认程序逻辑，找到错误的原因，这是固定步骤。由于从 memory dump 中查找变量位置非常费劲，所以一般会将易于查找的字符串写入程序的变量区域中（比如图 5-a 中第一

```
3E290    2A2A 4441 5441 2A2A    **DATA**
3E298    004E 3C00 3141 205C    .N<.1A \
3E2A0    3030 3132 2000 4B6B    0012 .Kk
```

地址（十六进制数）内存内容（十六进制数）　内存内容（字符形式）

图 5-a　memory dump 的形式

行输出的"＊＊DATA＊＊"字符串）。

＊ ＊ ＊

现在，使用高性能的调试器，可以在任意位置暂停程序的运行，将想要确认的变量显示到窗口中，这种开发环境已经变得很普遍，但在当时来看，这简直就像做梦一样。

因此，在初次听到"在 OOP 中，当创建实例时，存储变量的内存区域会在堆区的某个位置被动态地分配"时，笔者就想："即便编程变得很轻松，但如果 dump 看起来费劲，调试起来很麻烦，就没有什么用。"

但在如今这个时代，幸运（同时也很遗憾）的是，知道 memory dump 的人已经不多了。

第6章

6

重用：
OOP 带来的软件重用和思想重用

热身问答

在阅读正文之前，请挑战一下下面的问题来热热身吧。

问题

框架结构被称为"好莱坞原则"（Hollywood Principle），下列哪一项是对此的正确解释？

A. 著名的 MVC（Model-View-Controller，模型 – 视图 – 控制器）框架实际上是由好莱坞的女演员提出的

B. 正如电影制作相关的思想、技术和人才都汇集于好莱坞一样，框架将软件的控制功能都汇总在一处

C. 好莱坞电影的故事展开基本上是相同的轮廓（框架）

D. 应用程序不调用框架，就像好莱坞禁止演员给制作方打电话推销自己一样

答案

D. 应用程序不调用框架，就像好莱坞禁止演员给制作方打电话推销自己一样

解析

很遗憾，据笔者所知，没有哪个好莱坞女演员同时也是一位能提出 MVC 框架的杰出程序员。

在好莱坞，电影制作者对演员说"Don't call us, we will call you"（不要给我们打电话，我们会给你打电话），这就是好莱坞原则。好莱坞原则用来形容所有的控制流程都由框架决定，应用程序的处理则使用多态，根据需要进行调用。

本章重点

本章将介绍 OOP 带来的两种可重用技术。

一种是软件本身的重用，即准备通用性强的软件构件群进行重用，诸如类库、框架和组件等都属于这种技术。另一种是思想或技术窍门的重用，即对软件开发或维护时频繁出现的固定手法进行命名，形成模式，以供更多人重用。如今，在软件开发的各个领域提出了很多模式，本章将介绍其中最具代表性的设计模式。

我们在第 3 章到第 5 章中介绍过，OOP 的目的是提高软件的可维护性和可重用性，它拥有类、多态和继承等结构。本章介绍的内容就是有效利用这些结构，实现实际的大规模重用。

6.1 OOP 的优秀结构能够促进重用

在使用 OOP 开发应用程序的情况下，并不是每次都从零做起，通常都是使用已经存在的可重用构件群，如源代码或运行形式的模块。这些可重用构件群称为类库、框架或组件等。

另外，使用 OOP 开发优秀软件的思想也在被重用。所谓思想的重用，是指对各种技术窍门和手法进行命名，实现模式化。如今，这种模式遍布于设计、编程、需求定义和开发流程等各个领域，其中最广为人知的就是设计模式。

为了使优秀的设计思想能够重用，通过对其命名并实现文档化，就形成了设计模式。与前面介绍的可重用构件群不同，设计模式并不可以直接用来编程，但熟练运用设计模式，可以提高应用程序的灵活性和可重用性。另外，掌握设计模式对理解并熟练运用类库和框架结构也非常有用。因此，对于使用 OOP 进行应用程序设计和编程的人来说，这是必备的知识。

在介绍各个内容之前，我们来看一下可重用构件群和设计模式的发展历程（图 6-1）。

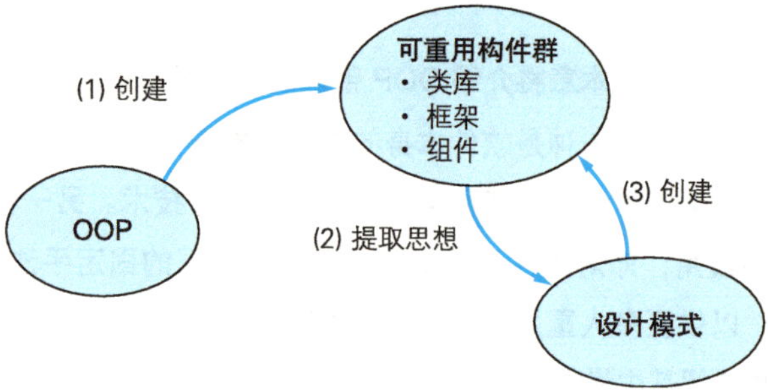

图 6-1　可重用构件群和设计模式的发展历程

从历史上来说，二者是按照图 6-1 中的 (1)(2)(3) 的顺序发展的。也就是说，首先，利用 OOP 创建可重用构件群。然后，提取可重用构件群中共同的设计思想，形成设计模式。最后，为了创建可重用构件群，会利用设计模式。

这里，图 6-1 中的 (2) 和 (3) 是循环进行的，表示两者会相互促进。也就是说，将创建可重用构件群时的技术窍门提取为新的设计模式，并用于接下来的可重用构件群的开发。

OOP 的优秀结构不仅促进了编程语言的进化，还为运用 OOP 的可重用构件群的发展，以及运用 OOP 的思想的重用提供了基础。

6.2　类库是 OOP 的软件构件群

我们先来介绍一下类库。

类库（library class）中的"类"就是指 OOP 结构中的类。字典中"library"的解释是"图书馆""藏书"，所以这里可以理解为"储存了很多内容的东西"，而类库则是"很多具有通用功能的类的集合"。

这种通用的类库过去就存在，称为"函数库"或者"公共子程序库"等。由于 OOP 中描述软件的单位是"类"，所以也就称为"类库"。

不过，类库并不只是简单地将描述软件的单位由子程序改为类。通过以 OOP 结构为前提，应用程序中的使用方法也有了很大进步。类库和函数库的最大不同就在于使用方法的进步。

在传统编程语言中，可重用的构件只有子程序。因此，应用程序只是调用子程序库进行使用（图 6-2）。

图 6-2　只是调用子程序库

而 OOP 中拥有类、多态和继承等结构，因此，并不只是简单地从应用程序进行调用，还可以执行下述处理（图 6-3）。

① 从类库中的类创建实例，汇总方法和变量定义进行使用（利用类）。
② 将类库调用的逻辑替换为应用程序固有的处理（利用多态）。
③ 向类库中的类添加方法和变量定义，来创建新类（利用继承）。

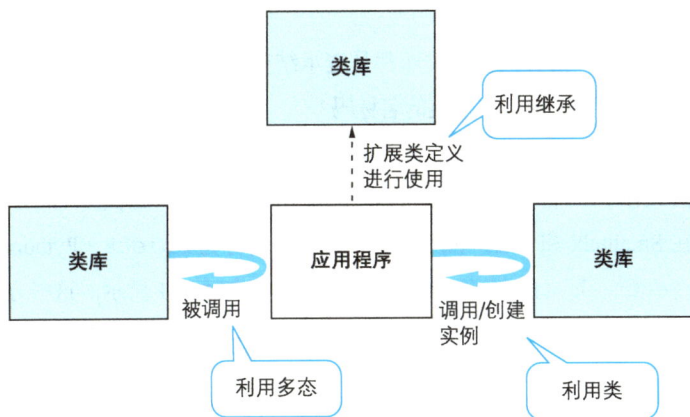

图 6-3　类库利用 OOP 的结构可以执行的处理

通过以 OOP 结构为前提，与之前相比，可重用的功能范围得到了大幅扩展。

6.3　标准类库是语言规范的一部分

类库分为编程语言附带的标准类库和编程语言另行提供的产品。一般来说，前者提供不依赖于特定应用程序的通用功能，而后者则提供面向特定用途的功能。

实际上，Java 等很多 OOP 中就附带了包含大量类的类库，提供了字符串操作、算术计算、日期计算、文件访问、GUI、数据库处理和通信等多种功能。像这样，OOP 中通常都是将必需的功能作为类库来提供，这样既可以确保语言规范的兼容性，又能提供各种功能。因此，OOP 中附带的类库并不是语言的附属品，而是可以看作语言规范的一部分。实际上，查看 Java 之前的版本也会发现，语言规范并没有被修改很多，而附属的类库则得到了大幅扩展。

因此，在使用 OOP 进行编程的情况下，最重要的是熟练使用类库。

6.4　将 Object 类作为祖先类的继承结构

一般来说，语言的标准类库都是继承结构，继承结构的最顶端存在一个唯一的类。大家知道这个类的名称吗？

它就是 Object。

在 Java 中，名为 Object 的类是所有类的超类，如图 6-4 所示。同样，在 Smalltalk 和 .NET 中，最顶端的类的名称是 Object，Python 中则是 object①。Java 的 Object 类中的主要方法如表 6-1 所示。这些方法是所有类中都默认定义的方法，进行的都是最基本的处理。

①　在 Ruby 1.8 之前，Object 类也位于继承结构的最顶端，但 Ruby 1.9 中又在 Object 类的上端增加了 BasicObject 类。在 Objective-C 中，最顶端的类是 NSObject 类。

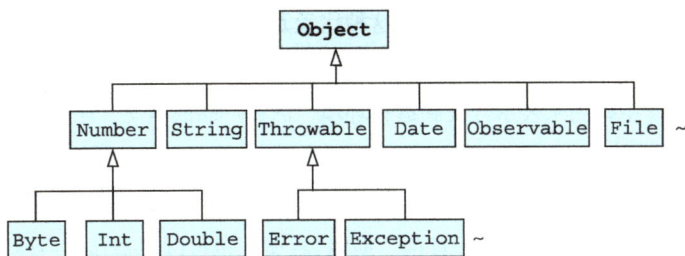

图 6-4 将 Object 类作为祖先类的继承结构

表 6-1 Java 的 Object 类持有的主要方法

方 法 名	说 明
clone()	创建对象的副本
equals()	判断是否与参数中指定的对象相等
hashcode()	获取对象的散列值
toString()	获取对象的字符串表示
wait()	暂停正在运行的线程

笔者认为，有人将面向对象扩展到哲学和认识论领域，其中一个原因就是存在这种结构。根据该结构，包含自己编写的类在内，所有的类都是 Object 类的子类。之所以将最顶端的类命名为 Object，可能也是因为只能这样叫吧。不过，这种 "Object 支配所有" 的结构会给初次接触的人留下 "面向对象是使用程序来表示万物的技术" 的印象。

6.5 框架存在各种含义

接下来介绍框架。

框架（framework）一词在英文中的含义是 "结构" "骨架"，除了可被用于软件领域，有时还表示用于解决商业课题的工具和思考方法。

在软件开发领域，框架的定义有些模糊，但大致可以分为两种情况：

作为"总括性的应用程序基础"这种比较笼统的含义使用；指代针对特定目的编写的可重用构件群。

前者主要用来表示开发和运行环境、商业产品的概念，比如指代使用网络技术的应用程序基础的"Web 应用程序框架"、微软公司提供的开发和运行环境".NET 框架"等。将应用程序的整体结构分为 Model、View 和 Controller 三部分进行设计的"MVC 框架"也可以说是其中一种[①]。

后者是指使用特定编程语言编写的具体的软件构件群。现在用很多语言编写的框架都是开源的。在 Java EE[②] 中，2001 年出现的 Struts、以 DI 容器为中心的 Spring、用于数据库控制的 Hibernate 等被广泛使用。另外，Ruby 的 Ruby on Rails、Python 的 Django、PHP 的 Laravel 和 CakePHP 等也广泛普及。

6.6　框架是应用程序的半成品

接下来，我们基于后一种定义——使用特定编程语言编写的具有特定目的的可重用构件群，来介绍一下框架的相关内容。

基于该定义，框架和类库都指可重用的软件构件群，一般会根据目的和使用方法区分使用二者。通常在称为类库的情况下，只是指利用 OOP 结构创建的可重用构件，并不限制其目的和使用方法。但在称为框架的情况下，则并不只是指利用 OOP 创建的类库，还指用于特定目的的应用程序的半成品。另外，从应用程序中的使用方法来说，并不是像传统的函数库那样简单地进行调用，而是从框架来调用应用程序。也就是说，在框架端预先提供基本的控制流程，在应用程序中嵌入个别的处理（图 6-5）。

---

① MVC 框架最初在 Smalltalk 环境中被提出来时，是指使用 Observer 设计模式，在 Model、View 和 Controller 之间传递信息。但是，自从该词被用来表现 Java EE 的应用程序结构，就只是简单地表示将应用程序分为三部分进行设计。

② 这是 Java Enterprise Edition 的缩写，是指面向企业系统的 Java 开发和运行环境的规范。

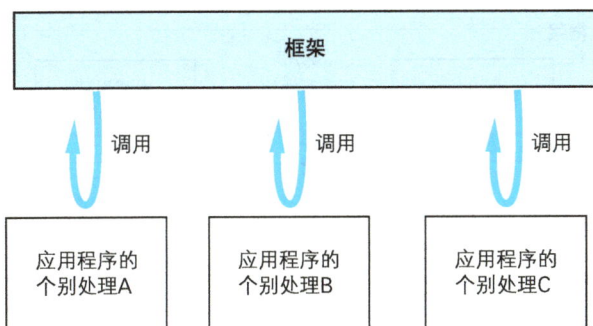

图 6-5　框架的概念

在这种框架中，多态和继承具有非常重要的作用。基本的处理由框架端提供，应用程序特有的处理则利用多态进行调用。另外，关于应用程序特有的处理，我们还会利用继承结构预先设置默认的功能。

好莱坞原则一词可以用来表示这种框架结构的特征。在好莱坞，电影制作者对演员说"Don't call us, we will call you"（不要给我们打电话，我们会给你打电话）。这显示出了制作方对演员的傲慢态度。这句话的巧妙之处在于，表示打电话的"call"可以引申为表示方法调用的 call。也就是说，这里借用好莱坞的话，诙谐地表示了"所有控制流程都由框架端决定，应用程序的处理则使用多态在需要时进行调用"这一结构。这对母语不是英语的人来说可能有些难以理解，但这话非常有趣，我们至少记住"好莱坞原则"是一个表示框架结构的词语吧（图 6-6）。

图 6-6　好莱坞原则

如果这种框架完全适用，那么我们就可以轻松地创建复杂的应用程序。基本的使用方法就是继承框架提供的默认类（或者接口），并编写一些方法。

6.7　世界上可重用的软件构件群

前面介绍的类库和框架等可重用构件群的质量一般都比较高，源代码也是公开的，因此在全世界被广泛使用。尤其是现在，随着互联网的普及，再加上免费公开源代码的潮流，我们能够以非常小的成本轻松享受到可重用的好处。作为实现这种大规模、大范围的重用的基础，第 4 章介绍的避免重名的包结构，以及第 5 章介绍的消除平台差异的虚拟机，都起到了非常重要的作用。

6.8　独立性较高的构件：组件

下面我们来介绍一下组件。

组件（component）的英文具有"成分""元件"之意。在软件开发领域，我们使用"元件"这层意思，而实际的定义则稍有不同。

前面介绍过，类库和框架经常被作为同义词使用，但"组件"这个术语的语感与它们略有差别。

组件的一般定义如下。

- 粒度比 OOP 的类大
- 提供的形式是二进制形式，而不是源代码形式
- 提供时包含组件的定义信息
- 功能的独立性高，即使不了解内部的详细内容，也可以使用

说起来还是微软公司在 20 世纪 90 年代开发的 Visual Basic 的控件将"组件"这一术语渗透到业界的。具体来说，就是提供控制 GUI 的独立性较高的构件，支持在开发环境中进行属性设置和拖曳操作，通过组合这些构件，从而轻松地创建出画面。该技术使用方便，并且出现于 Windows 真正普及时期，时间点也非常好，因此得以迅速普及。

游戏开发引擎 Unity 也将通用性强的各种构件群作为组件来提供。使用 Unity，我们可以进行属性的设置变更和继承，从而比较简单地开发游戏程序。

Java 中为了使独立性较高的构件得以流通也进行了各种努力，但主要集中于 EJB（Enterprise JavaBean，企业级 JavaBean）组件技术。不过，由于该技术运行性能的开销太大，并且业务应用程序的处理本质上依赖于数据结构，很难创建通用的构件，所以最终并未取得较大成功。

现如今，相比作为一种技术，"组件"这个词更多地被用于营销领域。

6.9　设计模式是优秀的设计思想集

接下来，我们介绍一下另外一个重要的可重用技术——设计模式。

类库和框架等前面介绍的可重用构件群的开发者们在工作过程中发现，即使编程语言、操作系统等开发环境和软件的目标领域不同，也会有共同的设计思想。因此，大家就考虑将这种设计思想以某种形式进行重用。这就是设计模式。

　　顾名思义，**设计模式**（design pattern）就是"设计的模式"。具体来说，就是不依赖于编程语言和应用程序的应用领域，对在各种情况下反复出现的类结构进行命名，形成模式。与前面介绍的可重用构件群一样，设计模式不采用具体的源代码或者运行形式的模块等方式，而是从中提取出优秀的思想，总结成文档。

　　设计模式是前人为了创建便于功能扩展和重用的软件而研究出的技术窍门集，对典型的解决方法以及使用它们时需要考虑的要点等都进行了汇总，因此对从事设计、编程的人来说是非常有用的引导。这些技术窍门是前人总结出来的智慧，想要一个人从零开始考虑同样的思想是完全不可能的。

　　设计模式被大家广泛认知始于 1995 年 *Design Patterns: Elements of Reusable Object-Oriented Software*[1] 一书的出版。人们将共同执笔该书的 4 名技术人员[2] 亲切地称为 GoF（Gang of Four，四人组），将他们共同发表的 23 种设计模式称为 **GoF 设计模式**。GoF 设计模式针对经常出现的典型课题编写了 3~5 个类，并给出了相应的解决方法，总结了课题和解决对策、应用效果和需要考虑的要点等，同时还给出了 UML[3] 图和示例代码。

　　表 6-2 是 GoF 设计模式的一览表[4]。

---

[1]　中文版名为《设计模式：可复用面向对象软件的基础》，李英军等译，机械工业出版社 2000 年出版。——译者注

[2]　分别是埃里克·伽玛（Erich Gamma）、理查德·赫尔姆（Richard Helm）、拉尔夫·约翰逊（Ralph Johnson）和约翰·威利斯迪斯（John Vlissides），其中埃里克·伽玛作为 Java 的单元测试工具 JUnit 和综合开发环境 Eclipse 的开发者而闻名于世。

[3]　实际上，由于 UML 在 23 种设计模式发表时还未出现，所以当时使用的是 UML 的前身——OMT 表示法。

[4]　这里引用了《图解设计模式》（结城浩著，杨文轩译，人民邮电出版社 2016 年 12 月出版。——译者注）中的表述。

表 6-2　GoF 设计模式

No.	分　类	模　式　名	目　的
1	适应设计模式	Iterator	逐个遍历
2		Adapter	加个"适配器"以进行重用
3	交给子类	Template Method	将具体处理交给子类
4		Factory Method	将实例的生成交给子类
5	生成实例	Singleton	只有一个实例
6		Prototype	通过复制生成实例
7		Builder	组装复杂的实例
8		Abstract Factory	将关联部件组装成产品
9	分开考虑	Bridge	将功能层次与实现层次分离
10		Strategy	整体替换算法
11	一致性	Composite	容器与内容的一致性
12		Decorator	装饰边框与被装饰物的一致性
13	访问数据结构	Visitor	访问数据结构并处理数据
14		Chain of Responsibility	责任循环
15	简单化	Façade	简单窗口
16		Mediator	只有一个仲裁者
17	管理状态	Observer	发送状态变化的通知
18		Memento	保存状态
19		State	用类表示状态
20	避免浪费	Flyweight	共享对象,避免浪费
21		Proxy	只在必要时生成实例
22	用类来表现	Command	命令也是类
23		Interpreter	语法规则也是类

在 20 世纪 90 年代前半期,这些技术窍门还不为人所知。据说大概 1000 个程序员中只有 1 个能编写出像类库这样通用性强的可重用构件群。直到 1995 年 GoF 设计模式出现,许多开发者才知道这些有用的技术窍门。在技术革新非常快的软件领域,GoF 设计模式至今仍不过时,成为经典。

6.10　设计模式是类库探险的路标

本章开头介绍过，设计模式是基于类库和框架的开发经验形成的，这里，我们反过来介绍一下设计模式在类库和框架中的应用。

首先来看一下 Java 类库中使用设计模式的示例。如图 6-7~ 图 6-9 所示，左边是设计模式，右边是使用设计模式的一部分类库。这些图是 UML 的类图，使用图形来表示类定义和多个类之间的关系。关于 UML，我们将在第 8 章中进行介绍，不了解 UML 的读者可以对比一下左右两边图形的不同。

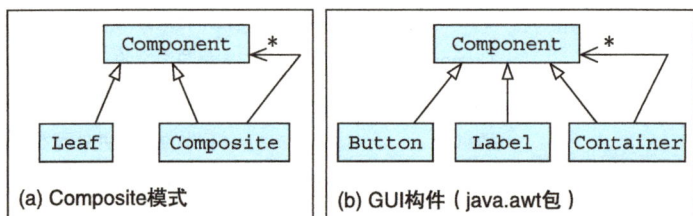

图 6-7　Java 类库中的设计模式使用示例 1（Composite）

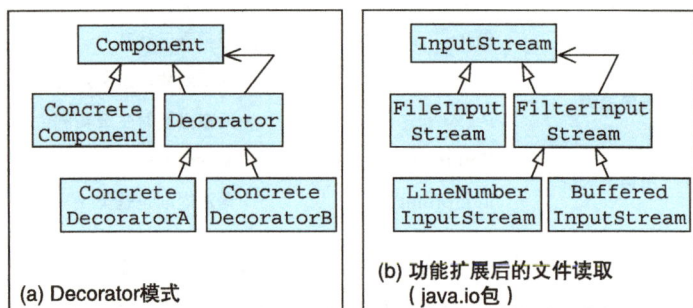

图 6-8　Java 类库中的设计模式使用示例 2（Decorator）

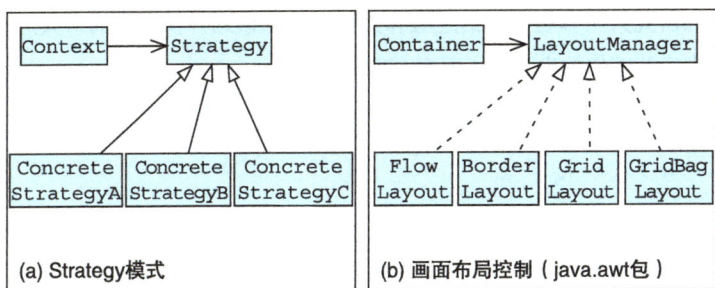

图 6-9　Java 类库中的设计模式使用示例 3（Strategy）

各图的左右两边图形都非常相似。虽然长方形框中写的类名和框的个数有所不同，另外还存在实线和虚线的差别，但是整体形状基本上是一样的。这是 Java 类库直接使用设计模式的铁证。

有的 Java 类库是在设计模式出现之后编写的，其中充满了设计模式。除此之外，有的类名还直接使用了设计模式的名称，如 Observer、Iterator 等①。

像这样，如果大家能够看出其中使用了设计模式，就能够明白开发者的意图，进而也就能够理解正确的使用方法。这是因为，设计模式手册中详细记述了哪个模式适用于哪些课题，以及使用时应该注意的地方。因此，类库开发者为了传达设计意图，经常会在类名中加上设计模式的名称。

6.11　扩展到各个领域的思想的重用

传统的列表和栈等数据结构、冒泡排序和二分查找等算法都是对设计思想进行命名，设计模式也可以看作它们的发展形式。

由于 OOP 中拥有类、多态和继承等优秀结构，程序的表现力大幅提升，所以能够表示为设计模式的内容也得到了大幅扩展。

自从设计模式出现以来，在系统开发的各个领域，以同样的形式对思想和技术窍门进行总结并重用的活动普及开来。实际上，世界上许多技术

① 严格来说，Observer 和 Iterator 并不是类，而是接口。

人员和研究人员都将自己的经验和知识总结成模式并发表，而对其进行讨论和推广的工作坊也开展了起来（表 6-3）。

表 6-3　扩展到各个领域的模式技术

名　　　称	说　　　明
其他设计模式	限定于特定运行环境和用途的技术窍门集（J2EE 模式、EJB 模式和面向多线程的设计模式等）
分析模式	在业务分析和需求定义阶段编写的表示应用程序的问题领域的模式
架构模式	用于表示软件整体结构的模式
成例	有助于熟练使用 Java 和 C++ 等特定编程语言的技术
流程模式	与系统开发的推进相关的模式
反面模式	汇总系统开发中经常出现的陷阱及相应的对策

6.12　通过类库和模式发现的重用的好处

本章介绍了两种可重用技术——软件的重用和思想的重用。

虽然使用面向对象的好处是可重用性强，但是如果只是自己使用 OOP 编程，那么大概难以感受到这种效果。

但是，现实中存在很多高质量的可重用构件群。Java 和 .NET 等附带的类库规模庞大，想要用好其中包含的所有功能，恐怕要花几年时间。另外，以 GoF 的 23 种设计模式为代表的重用优秀思想的模式技术也被提了出来。

正是得益于可重用技术，我们才得以使用这些可重用构件群和模式。另外，在使用的过程中积累的技术窍门还可以进一步形成可重用构件群和模式。

如你所见，从 Simula 67 开始的编程技术的革新已经发展到了这种阶段。

深入学习的参考书

[1] 结城浩. 图解设计模式 [M]. 杨文轩，译. 北京：人民邮电出版社，2016.

☆☆☆

该书使用 Java 和 UML，以易于理解的方式介绍了 GoF 的 23 种设计模式。特别推荐给设计模式初学者阅读。

[2] Erich Gamma，Ralph Johnson，Richard Helm，John Vlissides. 设计模式：可复用面向对象软件的基础 [M]. 刘建中，译. 北京：机械工业出版社，2007.

☆☆

这是 GoF 设计模式的经典之作。该书编写于 Java 和 UML 出现之前，类图采用的是 UML 的前身 OMT，实例代码也是使用 C++ 和 Smalltalk 编写的。但是，如果下定决心要好好学习设计模式，该书可以说是必读的一本。

[3] Martin Fower. 企业应用架构模式 [M]. 王怀民，周斌，译. 北京：机械工业出版社，2010.

☆☆

该书将从画面查找、更新数据库中的信息的企业系统中的典型设计结构总结为模式，建议使用 JavaEE 和 .NET 开发应用程序系统的工程师务必掌握书中的内容。

[4] 木村聡. Java フレームワーク開発入門 [M]. 东京: SoftBank Creative，2010.
☆☆

该书使用丰富的 Java 代码，细致地介绍了理解框架结构所必需的基础知识，包括反射、设计模式、AOP 和 DI 等主题。这是一本为已经掌握了 Java 基本语法的技术人员编写的进阶书。

当今的OOP

因 Rails 框架而走红的 Ruby

Ruby 是松本行弘于 1995 年发布的编程语言。Ruby 将数值和字符串也作为类来处理，是一种"纯粹的"面向对象编程语言。不过，Ruby 也融合了函数式语言的元素，是一种多范式语言。

代码清单 6.a 是使用 Ruby 编写的简单程序。该程序会输出 3 行固定字符串，不过，这段代码中并没有大括号和分号等符号，乍一看像是英语文章。

实际上，该程序的动作是，对整数类的实例 3 调用 times 方法，并向 times 方法的参数传递 do~end 的代码块。

Ruby 的魅力就在于它看似简单，实则深奥。

* * *

2004 年 Ruby on Rails（以下简称 Rails）的出现，让 Ruby 大受欢迎。Rails 是一个用于构建 Web 应用程序的软件框架，而它并不仅仅是一个构件群，还可以自动生成应用程序的雏形，大家只需编写自己要开发的应用程序特有的处理就可以了，开发效率非常高。

Rails 最大的特征就是不使用设置文件，而是使用命名约定来实现各种功能。具体来说，就是使用相同的表名和类名，使数据库的表信息和程序中的类自动地一一对应（映射）。

* * *

Rails 使用 Active Record（活动记录）进行数据库操作。

代码清单6.a　使用Ruby编写的简单程序

```
3.times do
  puts 'Hello Ruby!'
end
```

请为我推荐银座的法式餐厅

这家店怎么样?

阿布拉卡达布拉　　SQL

餐厅信息

Active Record

Active Record 具有动态查询结构。例如，restaurants（饭馆）表中有 area（地域）和 genre（菜系）两个字段，在 Rails 中就可以使用 find_by_area（按地域查询）、find_by_genre（按菜系查询）和 find_by_area_and_genre（按地域和菜系查询）方法。而实际上，如果查找 Rails 生成的源代码，我们却找不到这些方法。

揭开谜底的关键就是 method_missing。当调用 Ruby 中未定义的方法时，最上层的 BasicObject 类

的 method_missing 方法会被执行。由于这个方法可以被子类改写，所以当 Active Record 中未定义的方法被调用时，程序就会根据方法名取出表中的列名，生成 SQL 并执行。

这种结构之所以能够实现，是因为 Ruby 是一种动态编程语言，编译时不检查方法是否存在。特别是 Ruby 的元编程功能非常完善，可以在程序运行时引用或修改内部信息，这就容易实现一些比较"神奇"的结构。因此，世界上有很多 Ruby 编程爱好者，他们被称为 Rubyist。

第7章

集合论、职责分配

化为通用的
归纳整理法的面向对象

热身问答

在阅读正文之前，请挑战一下下面的问题来热热身吧。

问题

"面向对象"这一概念据说是由 Smalltalk 的开发者艾伦·凯提出的。在 20 世纪 70 年代，有人在目睹凯的研究成果后受到极大冲击。这个人在计算机历史上很有名，请问他是谁？

A. 美国微软公司的创始人比尔·盖茨

B. 美国苹果公司的创始人史蒂夫·乔布斯

C. "Java 之父"詹姆斯·高斯林

D. "Linux 之父"林纳斯·托瓦兹

答案 •••

B. 美国苹果公司的创始人史蒂夫·乔布斯

解析 ••

　　如第 1 章所述，据说"面向对象"这一概念是由艾伦·凯提出的。在 20 世纪 70 年代，凯任职于美国施乐公司的帕洛阿尔托研究中心，他提出了理想的个人计算机"Dynabook"的设想，还主导开发了基于 GUI 的工作站和面向对象编程语言 Smalltalk。凯在 2003 年被授予图灵奖。

　　据说美国苹果公司创始人史蒂夫·乔布斯在看到运行 Smalltalk 的工作站原型后，受到了很大冲击。后来，基于鼠标和 GUI 的用户界面被引入苹果公司的 Lisa 和 Macintosh 中，之后还被引入到 Windows 计算机中，不断发展。

本章重点

至此，我们介绍了 OOP 及其扩展技术，本章将换个话题，介绍面向对象的另一面——"通用的归纳整理法"。

面向对象在编程领域取得了成效，为了让这种成效扩展到整个系统，它又被应用到了上游工程，最终成为"对事物进行分类和整理的基本结构"。这样一来，面向对象的应用范围得到了很大扩展，但也引起了混乱。

第 8 章之后会介绍面向对象的各种应用技术，但为了防止"只见树木不见森林"，请大家先记住面向对象具有两个方面，即下游工程的"编程技术"和上游工程的"通用的归纳整理法"。

◯ 7.1 软件不会直接表示现实世界

我们先来介绍一下第 2 章最后提到的现实世界和软件的沟壑。冒昧地请大家思考一下下面这个简单的问题。

软件直接表示现实世界吗？

突然问这个问题，大家可能难以理解，我们换成具体的问题。

医院系统直接表示现实中的医院吗？
银行系统直接表示现实中的银行吗？

这样就容易思考了。如图 7-1 所示，现实世界中的医院有门诊楼和病房，配备有检查器材和住院设施等，还有医生、护士和办公人员等在里面工作，生病或受伤的患者会在里面接受检查、取药、支付费用等。

另外，在现实世界的制造业中，有办公室和工厂等大楼，员工在里面进行研究开发、新产品的企划、设计、生产、销售和维护支持等工作。工厂中生产的产品经过零售店最终到达顾客手中。

图 7-1 现实世界中的医院和制造业

怎么样？大家觉得软件可以"直接"表示这样的现实世界吗？

换句话说，是不是医院系统的计算机中有患者，计算机中的医生和护士能对其进行检查和照顾呢？

另外，是不是制造业系统中有办公室和工厂，能在那里实际生产和销售产品呢？

当然不是。

医院系统是用来协助医院工作人员的，能记录患者的病历、计算治疗费用等。而实际看病的是现实世界中的人，检查和照顾患者的也是现实世界中的人。

制造业中会使用由计算机控制的生产设备和机器人来生产产品，接受订货、产品出货、资金来往等大多使用计算机进行，而新产品的企划、生产计划的制定、销售谈判等都需要由人来完成，最终使用产品的也是人。

当然，计算机不会"完全替换"现实世界中的工作和娱乐，它只是为了让人们变轻松而承担了现实世界中的一部分工作。计算机擅长的是处理大规模的计算、记录信息等固定工作和记忆工作。

因此，管理计算机的软件也只是承担了现实世界中的一部分工作，而不能表示现实世界本身（图 7-2）。

图 7-2　没有计算机参与的现实世界与将一部分工作交给计算机的现实世界

计算机只是承担了现实世界中的一部分工作。

因此，管理计算机的软件也不能直接表示现实世界，而只是表示一部分工作。

在进入 21 世纪后，电子商务网站、网络银行等以 IT 技术为中心的服务不断增加。利用电子商务网站，我们可以随时一键购买心仪的商品，而后台的商品库存管理、出库、配送等工作都是由人来完成的。另外，由于银行和证券公司等金融业本质上就是交易无形的"金钱价值"，所以金融业中的计算机自动化发展迅速。然而，现金交易和文件处理等许多工作还是需要由人来完成，特别是融资和投资等方面的决策，最终还是必须由人来进行。因此，无论自动化程度有多高，计算机也不可能完全取代所有的工作。

7.2　应用于集合论和职责分配

前面介绍过，计算机只是承担了现实世界中的一部分工作，因此，在开发软件时，我们并不是直接从编程开始的，在编程之前，还需要进行行业业务分析和需求定义等工作。在系统开发的早期阶段进行的这些工作通常称为**上游工程**。

　　面向对象是作为编程语言出现的，它在该领域发挥的提高生产率、质量和可重用性的效果受到了人们的认可。后来，该技术也被应用到上游工程，以提高系统开发整体的生产率和质量。

　　不过，类、多态和继承等 OOP 结构并不一定适用于上游工程的业务分析和需求定义。正如第 2 章中讨论的那样，现实世界和 OOP 结构是似是而非的。

　　因此，当在上游工程中应用 OOP 结构时，需要灵活处理。

　　这里的“应用”是指仅使用可以使用的部分。将“似是而非”中“非”的部分去掉，只使用“是”的部分。

　　通过只使用可以使用的部分，在上游工程中，面向对象会提供两种基本结构：一种是集合论；另一种是职责分配。下面我们将分别进行介绍。

　　首先是**集合论**。在 OOP 中，类用于汇总子程序和变量。实例是基于类定义在运行时分配的内存区域。这种在运行时由一个类创建很多个实例的结构与集合论中的集合和元素非常相似，因此，类和实例在上游工程中会被应用于集合论。

　　这样想来，类和实例的适用范围就变得非常广。“加藤和山田是实例，员工是类”“2 月 3 日下的两本书的订单是实例，订单是类”等，类和实例在这些情况中都可以应用。第 2 章介绍的不恰当的比喻示例“狗是类，斑点狗和柴犬是实例”，在这里也完全没有问题。

　　另外，将类定义的共同部分汇总为其他类的继承结构也被应用在了全集和子集思想上。这样一来，继承就可以应用在“将员工分为经理、销售人员、技术人员”“将企业分为制造商、贸易公司、零售商、金融机构”等各种示例中（图 7-3）。

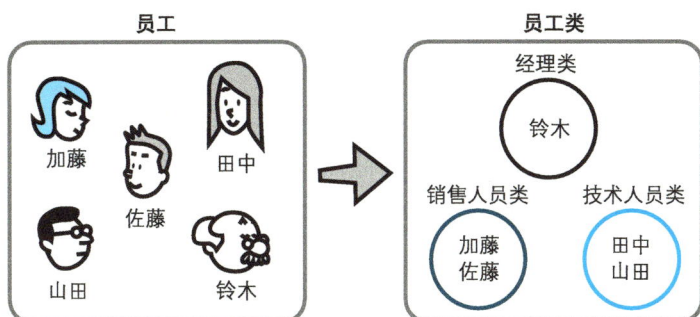

图 7-3　将 OOP 应用于集合论的示例

　　然后是**职责分配**。在 OOP 中，消息传递（message passing）是一种通过指定实例来调用类中汇总的子程序（方法）的结构。这种结构在上游工程中被应用于表示"具有某种特定功能的事物按照固定的方法相互联系的情形"的职责分配模型中。

　　这样想来，消息传递的适用范围也变得非常广。在饭店里跟服务员点菜、向建筑公司 A 发活、让斑点狗抬爪子等都可以看作消息传递（图 7-4）。

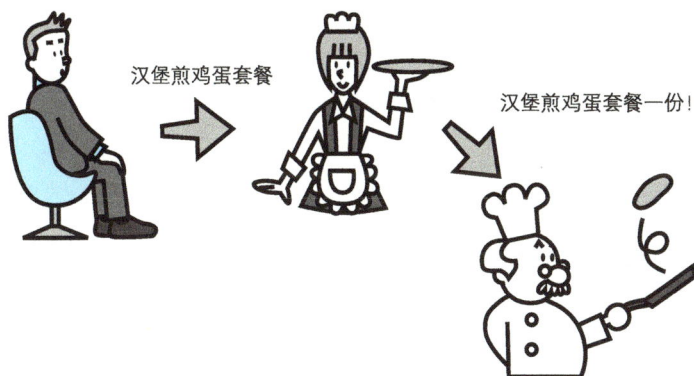

图 7-4　表示职责分配的消息传递的示例

7.3　在上游工程中化为通用的归纳整理法

集合论和职责分配的概念非常强大。

集合论基本上可以适用于现实世界中所有的事物。应用集合论，世界上所有的物（object）都会成为采用类和实例进行整理的对象。名词可以看作类，专有名词可以看作实例……像这样扩展的话，面向对象就跨入了认识论和哲学领域。

另外，职责分配的思想也很强大，比如可以应用于社会组织、"××人员""××部主任"等拥有某种职务的人、计算机等机器、软件的进程和线程等各种领域。

最终，面向对象将成为拥有对事物进行分类整理的结构和表示职责分配的结构的**通用的归纳整理法**。再加上作为编程技术的一面，面向对象的适用范围得到了大幅扩展，成为覆盖从业务分析到编程的整个软件开发过程的技术。

> 面向对象包含抽象的"归纳整理法"和具体的"编程技术"两方面。

7.4　两种含义引起混乱

虽然面向对象的适用范围变广了，但两种含义也会引起混乱。

类这个术语在归纳整理法中表示"现实世界中存在的事物"，而在编程中是指"汇总子程序和变量的结构"。实际上，它们是完全不同的。

因此，如果不明确区分这些含义，就容易引起误解，让人认为这是将现实世界直接表示为软件的技术。关于这一点，如果大家注意到本章前面介绍的"计算机只是承担了现实世界中的一部分工作"，就应该会明白这是误解。

另外,"将现实世界直接表示为软件"的概念也很有吸引力。对于辛苦地进行软件开发的技术人员来说,该概念可能听起来像禅学答案:"不用考虑得太难,据实编写软件就可以了。"

实际上,类和实例、消息传递、继承等结构都容易让人联想到现实世界的情形。在设计类的职责分配进行调试时,大家有时会有错觉,感觉自己编写的软件构件就像有生命一样。即使是认为面向对象和现实世界不一样的人,为了形象地表达 OOP 结构,有时也会使用比喻。这些都导致"面向对象是直接将现实世界表示为软件的技术"这种解释变得很普遍。

7.5   分为编程技术和归纳整理法进行思考

到目前为止,我们介绍了面向对象的两个方面,即归纳整理法和编程技术。

现在,面向对象已经不再是单纯的编程技术,而是软件开发的综合技术,包含很多应用技术。关于这些应用技术,我们在后面会逐个介绍,这里先对各项技术是属于归纳整理法还是属于编程技术进行简单的汇总(表 7-1)。

表 7-1   将面向对象的应用技术分为编程技术和归纳整理法

应用技术	分　类	章　　节
类库 框架 组件	编程技术的扩展	第 6 章
设计模式	编程技术的扩展	第 6 章
UML	编程技术和归纳整理法	第 8 章
建模(业务分析、需求定义)	归纳整理法	第 9 章
面向对象设计	编程技术的扩展	第 10 章
敏捷开发方法	–(与二者都没有关系)	第 11 章

我们可以粗略地认为，上游工程是归纳整理法，设计之后的下游工程是编程技术。

不过，它们的共同目的都是编写出优秀的软件。我们在第 1 章中也介绍过，面向对象是用来编写优秀软件的综合技术，如今看来确实就是这样的。

7.6　为何化为了通用的归纳整理法

在本章最后，我们来稍微思考一下，作为编程语言结构提出来的面向对象为何会化为通用的归纳整理法。类和集合论实际上是完全不同的结构，冷静想来，将它们放在一起，思维跳跃有点大。

我们先来说一下"类"这个名称。在被认为是最早的面向对象编程语言的 Simula 67 中，该名称被用作汇总子程序和变量的结构的关键字。英文"class"有"种类"的意思，因此，将类应用于分类结构，并进一步发展为集合论也是顺理成章的了。

另外，"面向对象"一词本身就具有"面向物""以物为中心"的含义，给人以"从以功能为中心到以物为中心""万物都是对象"的印象。不过，其实"面向对象"一词在 Simula 67 出现时还没有，据说是之后提出 Smalltalk 的艾伦·凯命名的。Smalltalk 中使用继承结构来组织类库，最上位的类的名称是 Object[①]。基于该结构，Smalltalk 中编写的所有类都是 Object 类的子类，因此，人们很容易联想到"与现实世界一样，万物都是对象（object）"。这样一来，面向对象化为集合论也就水到渠成了。

当时，在 Simula 67 中，开发者将汇总子程序和变量的结构命名为"类"时也许并没有考虑这么深（Simula 67 的开发者是挪威人，母语并不是英语）。

虽然历史上没有"如果……就……"，但是如果当时没有命名为"类"，而是命名为不容易让人联想到集合论的"模块"等其他名称，那么软件开发技术的历史可能会完全不同。

－－－－－－－－－－

① 　Java、.NET 和 Ruby 等诸多 OOP 都沿用了这种结构。

对象的另一面

语言在先，还是概念在先？

本书的立场是：面向对象的中心是编程语言。也就是说，OOP 是结构化编程的发展形式，设计模式和 UML 等都是由此衍生出来的技术。人们将类、多态和继承等结构仿照现实世界进行讲解只是打个比方。

不过，原本被艾伦·凯命名为"面向对象"的也不是编程语言的结构，而是"独立性较高的对象互相发送异步消息的模型"这一概念。如果关注到这一点，那么面向对象的中心就是该概念，并将其适用于现实世界的模型化和编程两方面。

* * *

笔者从 20 世纪 90 年代初期开始关注面向对象，当时的主流是以上述概念为中心的思想。当时，面向对象方法论相关的很多图书和研讨会中都会介绍说"有面向对象这样一个概念，它提供的各种技术能够让面向对象应用于软件开发"。与现在不同，当时几乎所有的编译器都是收费的，

昂贵的 Smalltalk 开发环境等就像是高岭之花，只有企业或研究机构中的极少一部分人才能够接触到。由于面向对象在实际系统中的应用一直没有进展，所以许多学习面向对象的人并未实际进行编程，而只是阅读方法论的书，最终也只是在概念层面上掌握了面向对象。

直到 1995 年，免费的 Java 出现并广泛普及，这种状况才大有改观。人人都可以轻松地在自己的计算机上尝试类、多态、继承结构以及将 Object 类作为祖先类的类库。如今，虽然可能还是有不少人认为面向对象的中心是上述概念，但不了解编程结构，只是从概念上来把握面向对象的人基本上没有了。

* * *

笔者在很长一段时间内也认为概念是面向对象的中心，在通过业务分析和需求定义将面向对象的概念适用于现实世界，并试着使用 C++ 或 Java

来实现的过程中发现，这些概念并不像当初预期的那样可以很好地适用于现实世界的模型化和软件的设计。过分拘泥于适用概念，反而造成应用程序结构难以维护，这样的事例笔者曾经目睹了很多。

通过这些经历，笔者开始认为面向对象的中心是编程语言，编程技术和上游工程的归纳整理法是不同的。

通过这样考虑，笔者得以看清面向对象的全貌，之前对该技术抱有的模糊的期待感也消失了。

一个形容新技术的有魅力的概念会激发人们的想象力，成为扩展该技术适用领域的原动力，但到了该技术真正普及的阶段，概念的面纱就会被摘掉，只留下实实在在的技术本身。

第8章

UML：
查看无形软件的工具

热身问答

在阅读正文之前，请挑战一下下面的问题来热热身吧。

问题

提出开发方法论的人称为方法学家。下面哪一项是 UML 出现之前经
常被提到的体现方法学家和恐怖分子区别的戏言？

A. 恐怖分子想靠武力改变世界，而方法学家想靠政治力量改变世界

B. 恐怖分子要破坏世界，而方法学家要支配世界

C. 恐怖分子能谈判，而方法学家不能谈判

D. 恐怖分子有团伙，而方法学家没有伙伴

答案

C. 恐怖分子能谈判，而方法学家不能谈判

解析

　　UML 是 Unified Modeling Language（统一建模语言）的缩写，是用图形表示软件功能和内部结构的统一的方法。

　　在 UML 被制定之前就已经有了许多面向对象方法论，方法论的图形表示方法也是各式各样。主要的方法论有 Booch 方法、OMT 方法、OOSE 方法、Coad/Yourdon 方法、Shlaer-Mellor 方法、Martin-Odell 方法、Fusion 方法等。提出这些方法论的方法学家都坚定地认为自己的方法论是最优秀的，这就是"恐怖分子能谈判，而方法学家不能谈判"这句戏言出现的原因。

　　直到 20 世纪 90 年代中期，三位方法学家葛来迪·布区（Grady Booch）、詹姆士·兰宝（James Rumbaugh）和伊瓦尔·雅各布森（Ivar Jacobson）统一了表示方法，形成了 UML。后来 UML 被国际标准化组织 OMG 定为标准，这才终结了表示方法的混乱状况。

本章重点

本章将为大家介绍 UML。UML 是一个固定形式的世界标准，它将软件功能和内部结构表示为二维图形。如果用一句话来描述 UML，就可以说"UML 是查看无形软件的工具"。在实际的系统中，程序代码有几十万行之多，规格说明书等文档也多达几百页。如果使用 UML 图，就可以从庞大的信息中提取出重要的部分，表示为逻辑清晰且直观的形式。

UML 覆盖了整个系统开发工程。这是因为 UML 除了作为面向对象的两方面（编程技术和归纳整理法）的共同成果使用之外，还加入了在面向对象之前就已经使用的图形表示。由于 UML 的适用范围很广，为了在实际开发中能够熟练使用，大家除了要记住各种图形的绘制方法之外，还要掌握各种图形的目的和用途。

8.1 UML 是表示软件功能和结构的图形的绘制方法

虽然 UML 的全称 Unified Modeling Language 中有"language"（语言）一词，但它实际上是一种表示软件功能和内部结构的图形的绘制方法。在面向对象领域，图形表示原本是为了表示使用 OOP 编写的程序的结构而被提出的，而随着面向对象被用于业务分析和需求定义等上游工程，UML 图形也开始作为上游工程的成果使用。

另外，UML 除了有表示类、继承等面向对象特有的结构的图形之外，还包含之前就已经在使用的流程图、状态迁移图等，因此，UML 是软件开发中图形表示的集大成者。

8.2　UML 有 13 种图形

UML 被面向对象相关的国际标准化组织 OMG[①] 定为标准。OMG 最开始采用的是 1997 年的 1.1 版本，之后 UML 不断完善，2021 年时的最新版本为 2.5.1。

UML 2.x 中定义了 13 种图形，如表 8-1 所示。

表 8-1　UML 2.x 中定义的 13 种图形

No.	中文名称	英文名称	用　　途	图　　形
1	类图	Class Diagram	表示类的规格和类之间的关系	
2	复合结构图	Composite Structure Diagram	表示具有整体－部分结构的类的运行时结构	
3	组件图	Component Diagram	表示文件和数据库、进程和线程等软件的实现结构	
4	部署图	Deployment Diagram	表示硬件、网络等系统的物理结构	
5	对象图	Object Diagram	表示实例之间的关系	
6	包图	Package Diagram	表示包之间的关系	

[①] OMG（Object Management Group，对象管理组织）是有全世界的几百家企业参加的非营利性的标准化组织。除了 UML 之外，该组织还制定了分布式对象通信的标准 CORBA（Common Object Request Broker Architecture，通用对象请求代理架构）、SysML（Systems Modeling Language，系统建模语言）和 BPMN（Business Process Model and Notation，业务流程建模标注）的规范。

（续）

No.	中文名称	英文名称	用　途	图　形
7	活动图	Activity Diagram	表示一系列处理中的控制流程	
8	时序图	Sequence Diagram	将实例之间的相互作用表示为时间序列	
9	通信图	Communication Diagram	将实例之间的相互作用表示为组织结构	
10	交互概览图	Interaction Overview Diagram	将根据不同条件执行不同动作的时序图放到活动图中进行表示	
11	定时图	Timing Diagram	采用带数字刻度的时间轴来表示实例之间的状态迁移和相互作用	
12	用例图	Use Case Diagram	表示系统提供的功能和使用者之间的关系	
13	状态机图	State Machine Diagram	表示实例的状态变化	

　　之所以定义这么多图形，是因为设想了其广泛的用途。从将画面上输入的信息存储到数据库中进行使用的商业应用程序，到在个人计算机和智能手机上运行的应用程序、驱动控制机器和电器产品的嵌入式软件等，在各种领域中都可以使用这些图形。另外，这些图形还对应于从业务分析到需求定义、设计的整个软件开发工程。

　　在 UML 出现之前的很多开发方法论都是对使用面向对象开发系统时的操作步骤、思想等进行系统的汇总。不过，当时根据开发方法论的不同，绘制的图形形式也不同。因此，如果使用的方法论不同，就无法共享需求规格说明书和设计信息。

为了解决这一问题，在 20 世纪 90 年代后半期，三位主要的开发方法论的提出者[①]对图形表示进行了统一，最终形成 UML。因此，UML 的名称中使用了"Unified"（统一）一词。

8.3　UML 的使用方法大致分为三种

UML 因为适用范围广，所以定义了许多种图形，但并未规定具体的使用方法。因此，在实际情况下，从众多图形中选择哪一种来使用，以及如何使用，都由使用者来判断。

正如第 7 章中介绍的那样，面向对象是作为编程语言出现并发展至今的，在被应用到上游工程后，又化为表示集合论和职责分配的归纳整理法。UML 是作为编程技术和归纳整理法的共同成果使用的。但实际上，即使是同一种图形，根据使用情况的不同，其使用方法也要稍微改变一下。因此，我们将 UML 的使用方法分成两种情况来理解，这样会更容易一些。

另外，UML 中还有一些图形是过去就在使用的，与 OOP 和集合论并没有直接关系。正是因为这些图形被引入了 UML，所以有时也会被作为面向对象的一部分进行介绍。

接下来，我们将介绍一些具有代表性的 UML 图的使用方法，为了明确用途，这里分为以下三种情况进行介绍。

＜UML 的使用方法＞

① 表示 OOP 程序的结构和动作。

② 表示归纳整理法的成果。

③ 表示面向对象无法表示的信息。

---

① 　分别是葛来迪・布区、詹姆士・兰宝和伊瓦尔・雅各布森，当时他们被称为"三友"（朋友三人）。

8.4　UML 的使用方法之一：表示程序结构和动作

我们先来介绍一下 UML 作为表示程序的技术时的相关内容。

当然，程序是使用编程语言编写的。正如第 3 章中介绍的那样，编程语言在向着更容易理解、更容易预防错误的方向进化。不过，程序的最终目的还是驱动计算机。计算机从程序开头逐个字符进行读取和解释，因此，从本质上来说，程序是一维信息。

UML 将程序表示为二维图形。由于人们一般通过视觉来获取信息，并进行识别、理解和记忆，所以这种图形表示非常适合人脑。从这一点来看，UML 确实可以说是查看无形软件的工具（图 8-1）。

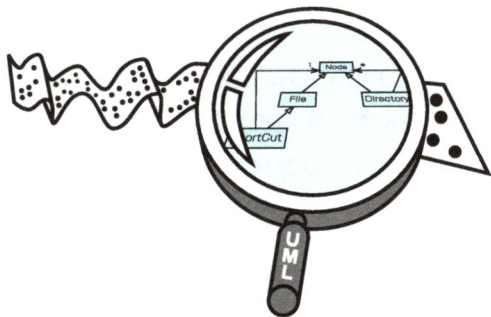

图 8-1　通过将程序表示为图形，人们就可以"查看"

在 UML 定义的图形中，表示程序结构和动作的具有代表性的图形有类图、时序图和通信图。下面我们就来介绍一下这三种图形。

8.5　类图表示 OOP 程序的结构

类图表示以类为基本单位的 OOP 程序的结构。

由于 OOP 之前的程序结构以子程序（函数）为基本单位，所以能够使用如图 8-2 所示的结构化图形来表示。

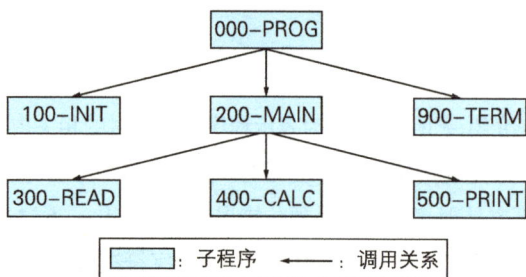

图 8-2　结构化图形示例

　　但是 OOP 中的一些结构之前并不存在，比如使用类定义的实例变量会引用其他类的实例、通过继承直接借用其他类的定义信息等。因此，结构化图形无法准确表示 OOP 程序的结构。而为了用图形来表示 OOP 特有的功能，类图便应运而生。

　　图 8-3 是一个简单的类图示例，展示了操作文件系统的程序的一部分。在图 8-3 中，长方形表示类，连接长方形的线表示类之间的关系。实例的引用和继承等关系通过箭头形状来区分。如果大家理解了类图规则，就可以从该图中读出以下内容。

- File、Directory 两个类是 Node 类的子类
- ShortCut 类是 File 的子类
- ShortCut 类的实例持有一个 Node 类（或者其子类）的实例
- Directory 类的实例可以持有多个 Node 类（或者其子类）的实例

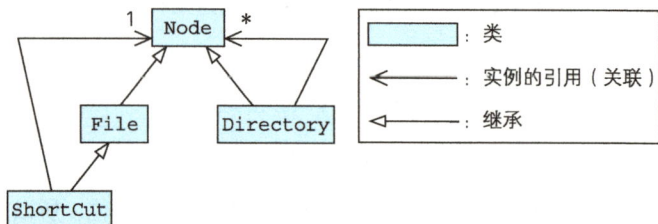

图 8-3　类图示例

图 8-3 的类图对应的程序源代码如图 8-4 所示。

```java
// Node类
public abstract class Node {
    private String name;
    protected Node(String name) {
        this.name = name;
    }
    public String getName() {
        return this.name;
    }
    public void setName(String name) {
        this.name = name;
    }
}
// File类
public class File extends Node {
    public File(String name) {
        super(name);
    }
}
// ShortCut类
public class ShortCut extends File {
    private Node linkedNode;
    public ShortCut(Node node, String name) {
        super(name);
        this.linkedNode = node;
    }
    public ShortCut(Node node) {
        super("Short Cut to " + node.getName());
    }
    public Node getLinkedNode() {
        return this.linkedNode;
    }
}
// Directory类
public class Directory extends Node {
    private java.util.List children;
    public Directory(String name) {
        super(name);
        this.children = new java.util.ArrayList();
    }
    public void add(Node node) {
        this.children.add(node);
    }
    public java.util.Iterator getChildren() {
        return this.children.iterator();
    }
    public java.util.Iterator getDescendants() {
~下略~
```

图 8-4　类图对应的程序源代码示例

我们来比较一下图 8-3 和图 8-4。

首先，信息量的差别很明显。图 8-4 中编写了所有的命令，所以可以编译，也可以嵌入到一部分应用程序中运行。另外，图 8-4 中记述了图 8-3 的类图中表示的类名以及它们之间的关系。

但是，在对整体的把握上，信息量少的类图更占优势。反之，如果从图 8-4 来理解图 8-3 表示的简洁的内容，并在头脑中进行组织，太大的信息量反而是一种灾难。

另外，使用二维图形表示信息还有一个好处，就是方便人们记忆。由于人的大脑更容易记住图形，所以使用像图 8-3 那样的图形来表示，人们就很容易结合图形中的位置关系来记忆相关内容，比如"左下方是 ShortCut 类""File 和 Directory 两个类的上面有一个超类"等。

UML 的效果正是如此。通过将无形的软件表示为二维图形，可以很好地帮助人们对整体进行理解。

记忆力好的读者可能会发现图 8-3 使用了第 6 章介绍的 Composite 模式。有一个词语叫"模式识别"，使用图形来表示，人们也容易注意到设计模式。像这样，UML 还担负着促进思想重用的作用。

8.6　使用时序图和通信图表示动作

接下来，我们介绍一下时序图和通信图[①]。

前面介绍的类图表示的是源代码信息，而这两种图形则表示程序运行时的动作。也可以说，类图表示静态信息，时序图和通信图表示动态信息。

在传统编程语言中，并不是特别需要表示程序运行结构的图形。这是因为结构化语言中以子程序为单位编写并运行程序，使用结构化图形和流程图基本上就可以表示静态信息和动态信息。

而使用 OOP 编写的程序在运行时会从类创建实例执行动作。正如第 4 章中介绍的那样，OOP 程序可以从一个类创建很多个实例。另外，类图表

[①]　UML 1.x 中称为协作图。

示的是类之间的关系，并不表示类中定义的方法的调用关系。像这样，由于仅通过类图无法表示程序运行时的动作，所以 UML 中提供了这两种图形。

我们先来介绍一下时序图。

时序图中的"时序"（sequence）有"连续""顺序"的含义，因为是将方法调用表示为时间序列，所以才如此命名。由于 OOP 中的方法会指定对象实例来调用，所以时序图表示的是实例之间的相互作用（图 8-5）。

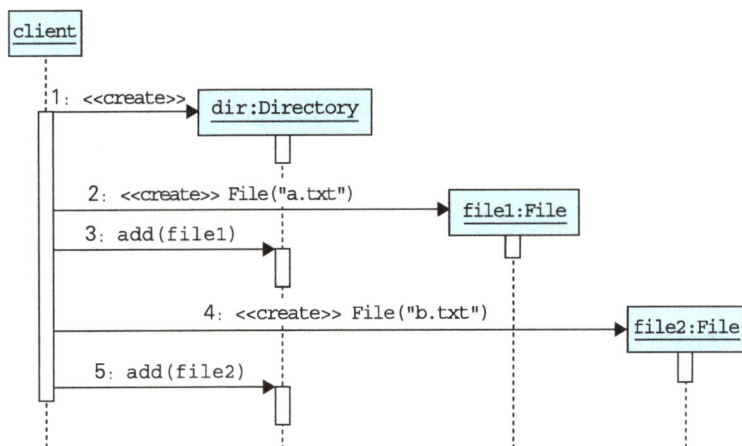

图 8-5　时序图将实例之间的相互作用表示为时间序列

在图 8-5 的时序图中，纵轴表示时间，长方形中是实例的名称。横向箭头表示方法调用，箭头上面是调用的方法名和参数。之所以在箭头上面写上方法名，是因为在 OOP 中，一个类中可以定义多个方法，如果仅用线连接实例，就无法判断调用的是哪一个方法。

下面我们来看表示程序动作的另一种图形——通信图。

通信图表示的信息与时序图基本上是一样的，区别在于通信图以实例的关系为中心（图 8-6）。也可以认为这种图表示第 5 章中介绍的实例在内存中的配置。

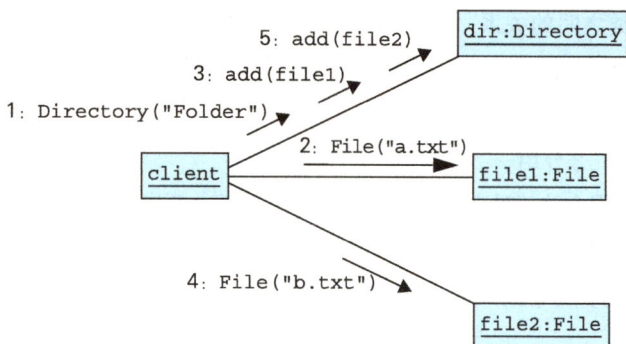

图 8-6　通信图表示实例之间的关系

　　实际的程序在计算机中以闪电般的速度运行，而使用时序图和通信图的二维图形来表示，我们就可以一目了然地"查看"程序运行时的动作。

　　这些图还可以被灵活应用在其他方面，比如作为编写程序逻辑之前的设计图、用于展示的资料，或者完成的程序的说明资料。

　　到这里为止，我们介绍了表示 OOP 程序的三种图形，下面来简单地总结一下这三种图形的特征。

> **< 类图 >**
> 表示类的定义信息和类之间的关系。
> **< 时序图 >**
> 将运行时的实例之间的方法调用表示为时间序列。
> **< 通信图 >**
> 将运行时的实例之间的方法调用以实例关系为中心进行表示。

8.7　UML 的使用方法之二：表示归纳整理法的成果

　　下面我们换一个话题，来介绍一下作为归纳整理法的成果使用的 UML。

正如第 7 章中介绍的那样，面向对象在被用于上游工程后，化为了表示集合论和职责分配的归纳整理法。因此，UML 也可以用来表示现实世界和计算机系统中管理的信息的结构，以及进行了职责分配的人或组织协作完成整个工作的情况。反之，也可以说正是因为有了 UML 的图形表示，作为归纳整理法的面向对象技术才得以广泛使用。

接下来要介绍的还是类图、时序图和通信图。需要注意的是，在表示程序结构的情况下和在表示集合论、职责分配的情况下，即使这些图的绘制方法相同，含义也大不一样。

8.8　使用类图表示根据集合论进行整理的结果

UML 的类图可以作为根据集合论的思想对事物进行分类整理的成果使用。这里举一个简单的例子，将图书作为全集，将中文图书、翻译图书和外文图书作为子集[①]。

大家首先想到的集合的图形表示可能是图 8-7 所示的**文氏图**吧。

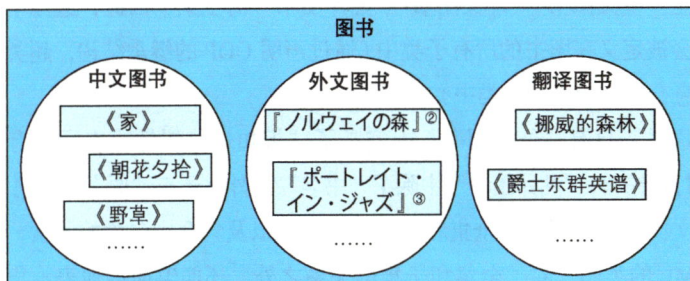

图 8-7　基于文氏图的集合的图形表示

---

① 一般来说，翻译图书包含在中文图书中，这里为了方便，只将用中文编写的非翻译图书作为中文图书。

② 即《挪威的森林》。——译者注

③ 即《爵士乐群英谱》。——译者注

用 UML 类图来表示图 8-7，如图 8-8 所示。类图中将集合表示为类，使用继承来表示全集和子集的关系。请大家看一下图 8-8 中表示"图书""外文图书""翻译图书"类的长方形的下半部分。这在 UML 中称为属性，是表示该类的性质的信息（在表示程序结构的情况下，该属性栏中写的是实例变量）。

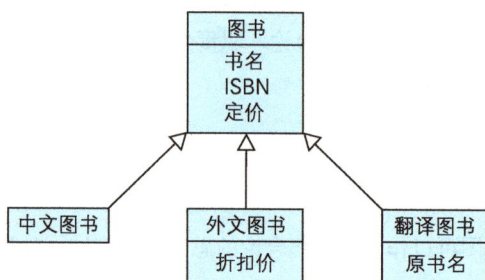

图 8-8　基于 UML 类图的集合的图形表示

在该示例中，"图书"中定义了"书名""ISBN""定价"属性。"图书"是"中文图书""外文图书""翻译图书"的全集，因此，这三个属性也都会被定义在图书的所有子类中（通过声明 OOP 的继承结构，超类的定义信息会默认定义到子类中）。

这里，只有"外文图书"中定义了"折扣价"属性，表示只有外文图书打折销售，"翻译图书"中除了"书名"之外，还有"原书名"属性。

文氏图中只列出了全集和子集的关系，以及集合中包含的元素，而使用 UML 的类图，除了全集和子集的关系之外，还能够简洁地表示集合中包含的元素的性质。

另外，文氏图中还列出了具体的图书示例，这在 UML 中使用**对象图**来表示。作为参考，我们也来看一下对象图的示例（图 8-9）。

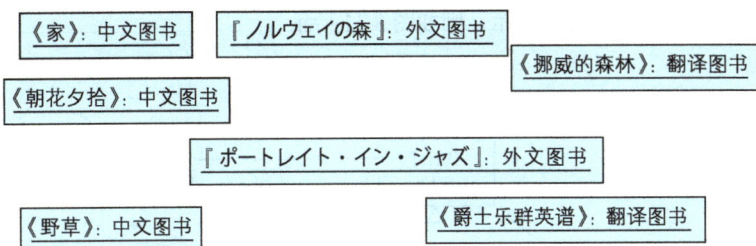

图 8-9   对象图示例

UML 的类图不仅表示集合，还可以表示集合中包含的元素之间的关系。

我们以图书和作者之间的关系为例进行说明。使用文氏图进行表示的情况如图 8-10 所示。在翻译图书中，图书和作者之间存在原作者和译者两种关系，这里使用不同的线来表示[①]。

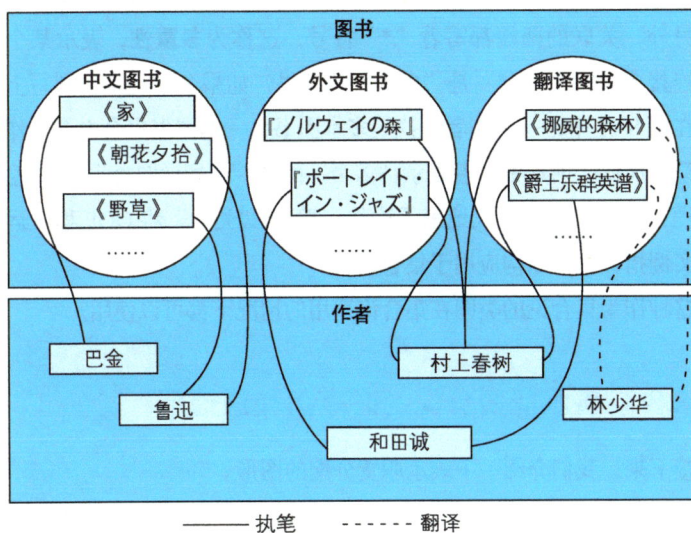

图 8-10   图书和作者的关系（文氏图）

---

① 一般来说，当提到作者时，并不包含译者，但这里为了方便，让"作者类"也包含译者。

而如果用 UML 来表示，则如图 8-11 所示。

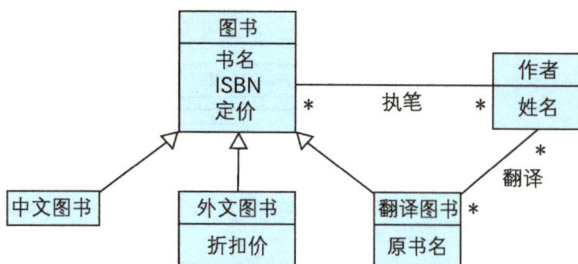

图 8-11　类和关联的表示

UML 中将集合的元素之间的关系称为**关联**[①]。这里在"作者"和"图书"之间定义了"执笔"的关联，在"作者"和"翻译图书"之间定义了"翻译"的关联。这样就显式地表示出所有图书都有作者，但只有翻译图书有译者。

另外，关联的两端都写着"*"符号，这称为**多重性**，表示某个元素可以连接多个元素。"*"是"多个"的意思，如果个数确定，则写上该数值。在图 8-11 中，一个作者会执笔多本图书，一本图书也会由多个作者共同执笔，因此，两端都写着表示"多个"的"*"（翻译图书也是如此）。通过类图，我们就可以显式地表示这种多重性（"关联"将 OOP 程序运行时持有实例指针这一结构应用于集合论）。

这种作为集合论的类图在集合论适用的情况下都可以使用。

🔵 8.9　表示职责分配的时序图和通信图

接下来，我们介绍一下表示职责分配的图形。

前面介绍了表示程序动作的时序图和通信图，在上游工程中，这些图可以用来表示拥有固定职责的多个人或组织协作完成整个工作的情形。

这种职责分配的例子有很多，比如在医院里，医生、护士和药剂师等

[①]　准确来说，实例之间的关系被称为"连接"，连接的集合被称为"关联"。

共同服务于患者；在饭店，服务员、厨师共同服务于顾客……基本上所有的企业活动都是如此。另外，这不仅适用于某个独立的企业，还适用于零售业、批发业、制造业、物流业等企业的连锁活动，即供应链管理（Supply Chain Management，SCM）。

使用**通信图**来表示现实世界中职责分配的情形，如图 8-12 所示。一般来说，在使用通信图表示现实世界的情况下，实例就是人或组织。仅从形状上来看，该图与前面的图 8-6 是一样的，但实际表示的内容是完全不同的。

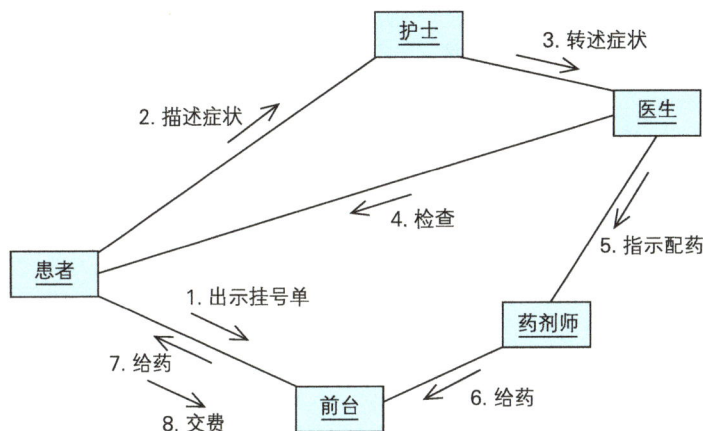

图 8-12　表示医院工作情形的通信图示例

其中一个不同之处就是箭头表示的信息。在用通信图表示程序结构的情况下，箭头表示消息调用，而在用通信图表示现实世界的情况下，箭头则表示通过对话等进行沟通。人们之间的沟通与方法调用的情况不同，可以采用对话、留言、肢体语言等各种形式。即使是相同的信息，具体的表达方式也取决于当事人。

更大的区别是，现实世界中的工作不会像图 8-12 那样每次都按照同样的方式进行。在处理现实世界中的工作时，人们会随机应变，所以工作的顺序和内容经常会发生变化，比如提前进行某些工作，或者特意省略某些细节等。因此，图 8-12 表示的模型只是一种典型模式。

不过，绘制图 8-12 那样的典型模式也是有意义的。通过绘制该图，现实世界中模糊的工作情形就会变得一目了然，这样也就更便于对当前课题和改善对策等进行讨论。

另外，使用通信图表示的内容也可以使用**时序图**来表示。比如，用时序图重新表示图 8-12，结果就如图 8-13 所示。

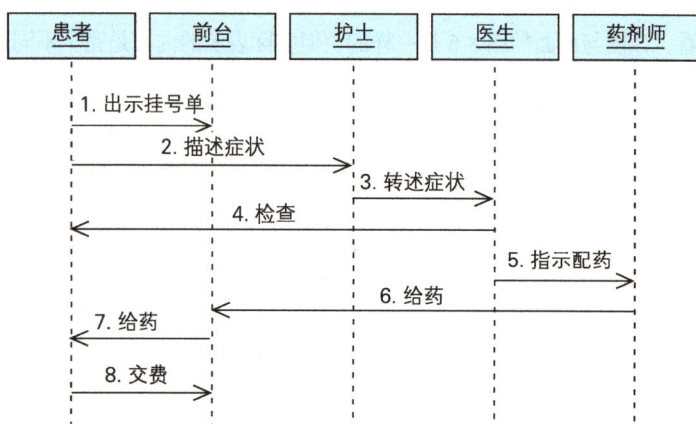

图 8-13　表示医院工作情形的时序图示例

到这里为止，我们就介绍完了表示作为归纳整理法的集合论和职责分配的图形。与前面一样，我们也来简单地总结一下这三种图形的特征。

　　< 类图 >
　　表示根据集合论进行分类整理的现实世界的事物之间的关系。
　　< 时序图 >
　　将进行了职责分配的人或组织协作完成整个工作的情形表示为时间序列。
　　< 通信图 >
　　将进行了职责分配的人或组织协作完成整个工作的情形以结构为中心进行表示。

8.10 UML 的使用方法之三：表示非面向对象的信息

最后，我们来介绍一下 UML 表示面向对象无法表示的信息时的使用方法。关于这一点，那些认为 UML 就是面向对象的人可能会感觉有些意外。

表示集合论和职责分配的归纳整理法的概念非常强大，能够表示各种信息。不过，即便如此，面向对象也不是万能的，于是，一些之前使用的面向对象没有覆盖到的图形表示就被加入到了 UML 中。

这里就来介绍一下其中具有代表性的用例图、活动图和状态机图。

8.11 使用用例图表示交给计算机的工作

用例图用于明确表示计算机的工作范围。具体来说，就是确定对象系统和外部（用户或其他系统）的界限，简洁地表示交给计算机的工作内容。

用例（use case）是用例图的中心，意思是"实际使用的例子"，这里指计算机提供给用户的功能。

UML 入门书中经常会将用例图放在开头，于是很多人认为用例是面向对象或 UML 特有的技术。但其实该思想在 UML 出现之前就已经存在，绝不是什么新奇的概念。

用例图的示例如图 8-14 所示。大长方形表示系统边界，内部是用例，描述了系统提供的功能，外部是用户或其他关联系统。

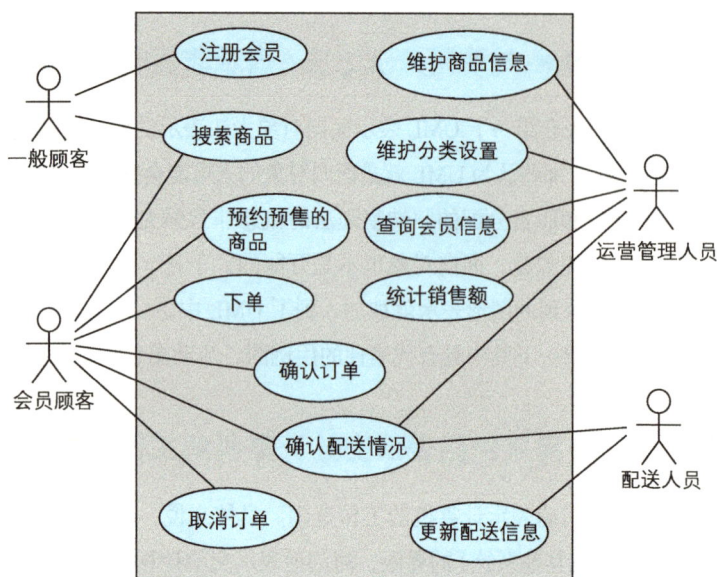

图 8-14　用例图示例

该图非常简单，可以说其最大的好处就是容易理解，另外，对粗略地掌握系统全貌也非常有用。

8.12　使用活动图表示工作流程

接下来介绍一下活动图。

活动图是面向对象出现之前就已经在使用的流程图的发展形式。

传统的流程图主要用来描述程序的逻辑。而在使用 OOP 编写应用程序的情况下，由于大多以较小的单位来创建类和方法，所以通常一个方法中编写的算法都很简单。因此，使用活动图表示算法的情况并不是很多。

取而代之的是，活动图经常被用来表示现实世界的工作流程（图 8-15）。虽然现实世界的工作流程也可以使用前面介绍的时序图和通信图来表示，但在分析实际的工作情况时，相比人物的职责分配，理解整体流程可能更为重要，因此，使用便于人们直观理解流程的活动图就非常方便。

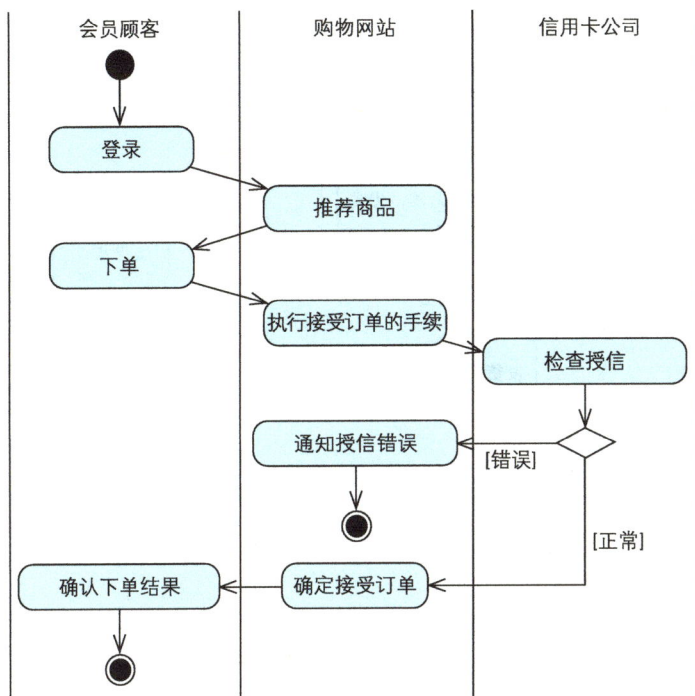

图 8-15　表示工作流程的活动图示例

8.13　使用状态机图表示状态的变化

最后为大家介绍状态机图。

状态机图是通信等控制系统软件中从过去就一直在使用的图形表示。
如果说**状态迁移图**，可能有人就会觉得比较熟悉。

状态机图表示事物状态根据外部事件而变化的情形，可以用来表示用
OOP 编写的实例的状态迁移、系统整体的状态迁移等各种对象。图 8-16
是表示购物网站订单的状态迁移的状态机图示例。

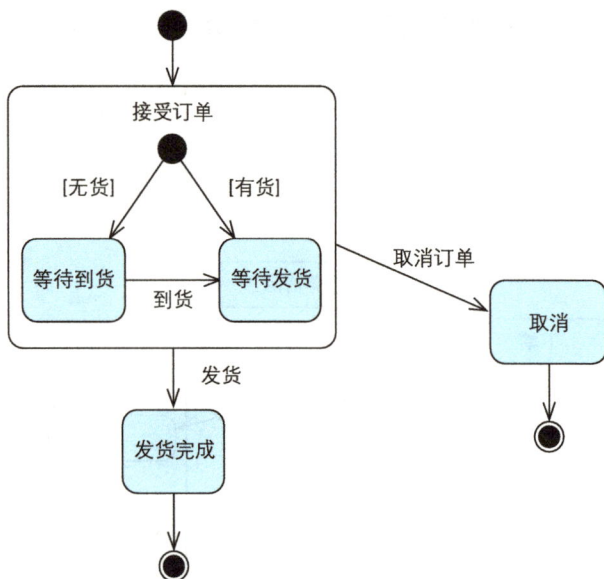

图 8-16　表示订单状态迁移的状态机图示例

我们对 UML 的图形的介绍就到这里。最后，我们来总结一下表示面向对象无法表示的信息的三种图形的特征。

< 用例图 >

表示交给计算机的工作范围。

< 活动图 >

表示现实世界的工作流程。

< 状态机图 >

表示外部事件导致的状态变化。

8.14　弥补自然语言和计算机语言缺点的"语言"

在本章最后，我们来思考一下为什么 UML 会被称为语言。

提到语言，大家应该立刻就会想到我们平时使用的**自然语言**。软件世界中有 Java、Python 和 C 等**编程语言**，以及 XML、HTML 等**标记语言**。编程语言和标记语言的目的都是被读入到计算机中，使计算机进行工作，所以这里统称为**计算机语言**。

下面，我们通过将 UML 与自然语言和计算机语言进行比较，来思考一下 UML 的目的。

自然语言用于人们交流的对话和文档，使用声音和字符来表示。虽然其语法是固定的，但允许省略表示，也存在方言和流行语，自由度比较高。

计算机语言是人们用来指示计算机执行某些作业的语言。实际上，计算机只可以解释机器语言的命令，但人们理解起来非常费劲，因此，计算机语言发展成了使用字符来表示的高级语言。不过，由于计算机是死板的机器，所以语言规范的定义必须严谨，在实际使用时，也必须严格遵守其语法。

与自然语言一样，UML 也用于人们之间的交流。但 UML 与其他两种语言不同，最大的特征就是使用图形进行表示。其他两种语言的基础都是字符，当表示的对象极其复杂时，信息量也会变得很庞大。而 UML 是用图形表示的，只提取庞大信息中的重要部分，非常简洁，便于直观理解。

我们将这些内容汇总在表 8-2 中。

表 8-2　三种语言的比较

语　　言	自然语言	计算机语言 （编程语言、标记语言）	建模语言 （UML）
目的	人们之间的交流	向计算机指示作业	人们之间的交流
形式	声音、字符	字符	图形[①]
特征	有基本语法，但比较宽松。允许有方言	极其严格	重视直观理解

① 虽然 UML 的中心是图形表示，但同时也规定了以文本形式进行记述的 OCL（Object Constraint Language，对象约束语言）。

UML 可以说是用于弥补自然语言和计算机语言的缺点的语言（图 8-17）。因此，熟练使用 UML 的窍门就是记住它只是一种辅助手段。相比于一些极端的使用方法，比如仅使用 UML 来表示所有的规格说明，或者使用时序图和活动图来表示程序的所有逻辑等，更常见的情况是，UML 只是用于帮助理解文档和程序，所以，请大家轻松开始使用之旅吧。

图 8-17　建模语言弥补自然语言和计算机语言的缺点

深入学习的参考书

[1] オージス総研オブジェクトの広場編集部. その場でつかえるしっかり 学べる UML 2.0[M]. 东京: 秀和システム, 2006.

☆☆☆

该书结合大量插图全面讲解了 UML 2.0 中的所有图形,我们可以将其 作为参考手册使用。此外,书中每个讲解项目都被分为初级、中级和高 级三个阶段,直至介绍到开发流程等内容,结构非常精炼。

[2] Martin Fowler. UML 精粹:标准对象建模语言简明指南 (第 3 版)[M]. 潘加宇,译. 北京:电子工业出版社,2012.

☆☆

该书介绍了 UML 的绘制方法和使用方法,还总结了建模实践方面的技 术窍门。作为开发流程的实践指南,书中还介绍了模式和重构等面向对 象技术的主题。

[3] 井上树. ダイアグラム別 UML 徹底活用 [M]. 东京: 翔泳社,2005.

☆☆

该书介绍了 UML 中具有代表性的图形的使用方法。通过在书中设置概 要、用途和注意事项等内容,以通俗易懂的方式总结了使用各个图形的 诀窍和注意事项。

[4] 竹政昭利等. かんたんUML 入門 改定2 版[M]. 东京:技术评论社,2017.

该书介绍了 UML 中各种图的基础知识和绘制方法,还介绍了业务系统 和嵌入式系统中的建模示例。

第 9 章

建模：
填补现实世界和软件之间的沟壑

热身问答

在阅读正文之前，请挑战一下下面的问题来热热身吧。

问题 ······························

"刚开始慢慢煮，中间快速煮，孩子哭了也不要掀锅盖"是描述某种食物的做法的诀窍，请问是下面哪种食物？

A. 米饭

B. 味噌汤

C. 腌菜

D. 鱼

答案

A. 米饭

解 析

"刚开始慢慢煮，中间快速煮，孩子哭了也不要掀锅盖"是用锅煮米饭的诀窍，在电饭煲普及之前，大家都知道这种说法。

刚开始用小火（慢慢煮），让米吸收水分，然后用大火（快速煮），让水沸腾，在最后的焖的阶段，为了保持温度，一直盖着锅盖，据说这就是煮出美味米饭的诀窍。

如今，随着电饭煲的普及，人们已经很少关注这种工作方法，而电饭煲中的嵌入式软件则代替人们完成了这些精细的工作。

本章重点

　　本章的主题是建模。计算机是为了让人们变轻松而承担了现实世界中的一部分工作的机器。不过，正如本书前面介绍的那样，现实世界和软件之间存在很大的沟壑。为了填补这道沟壑，我们需要进行三个阶段的工作，即整理现实世界情形的"业务分析"、确定交给计算机的工作范围的"需求定义"和定义软件结构的"设计"，而使用了 UML 的建模就是顺利推进这些工作的技术。

　　本章将介绍业务应用程序和嵌入式软件的建模示例。让我们通过这些示例，来一起思考一下计算机承担什么性质的工作，以及现实世界的情形反映到了软件的哪一部分上。

9.1　现实世界和软件之间存在沟壑

　　现实世界和软件表示的世界之间存在沟壑。原因在于，计算机只是承担了人们的一部分工作，并不会完全替代现实世界。因此，当开发软件时，我们需要填补这道沟壑。

　　话虽如此，计算机是为了让人们变轻松而承担了现实世界中的一部分工作的机器。虽然存在沟壑，但是管理计算机的软件也应该会以某种形式反映现实世界的情形。

　　本章将介绍填补现实世界和软件之间沟壑的三个阶段的工作，以及顺利推进这些工作的建模技术。这里将重点介绍前两个阶段的业务分析和需求定义，即整理现实世界的情形，并定义交给计算机的工作。关于设计，我们将在第 10 章中介绍。

　　另外，本章还将介绍业务应用程序和嵌入式软件这两种性质存在很大不同的应用程序的建模示例，并通过这两种应用程序来重新审视一下现实世界和软件之间的关系。

◯ **9.2　计算机擅长固定工作和记忆工作**

在介绍建模之前，我们先来思考一下计算机擅长什么样的工作。现在，计算机已经被应用于各种领域。归根结底，计算机的广泛应用都是因为它在固定工作和记忆工作方面拥有绝对的实力（图 9-1）。

图 9-1　计算机擅长固定工作和记忆工作

> 计算机擅长固定工作和记忆工作。

第一种是**固定工作**。计算机如实且飞快地执行程序中的命令。只要程序没有 bug，硬件没有故障，计算机就绝不会出错。另外，只要条件相同，那么无论执行多少次，结果都一样。计算机不会对工作感到厌倦，也不会抱怨。而如果让人们来做大量的单调作业，那么一定会存在很多疏漏吧。

计算员工工资、计算银行存款利息、计算证券交易所的股票成交额等，都属于固定工作。在计算机出现之前，这些工作都是人们使用算盘手工计算的。而现在如果没有计算机，那简直无法想象。在迅速、准确地执行这些工作方面，计算机远比人优秀。

计算机擅长的另一种工作是**记忆工作**。现在的计算机硬盘容量都很大。得益于这么大容量的存储设备，我们可以准确地存储庞大的信息，并随时取出。另外，只要设备没有故障，计算机就绝不会忘记所记忆的内容。

在计算机出现之前，大部分信息是记录在纸上的。考虑一下百科词典的例子就能发现，从存储空间、查找速度、备份的便捷性等方面来说，计算机的存储介质都要远比纸张优秀。

如上所述，计算机在固定工作和记忆工作方面拥有绝对的实力。而人们并不擅长这两种工作，因此，利用计算机，人们能够变得轻松很多。

9.3　通过业务分析、需求定义和设计来填补沟壑

在确认了计算机擅长的工作之后，现在我们来介绍一下填补现实世界和软件之间沟壑的相关内容。

计算机承担了现实世界中的一部分工作，而管理计算机的是软件。不过，如果我们得到的是"希望使用计算机让医院或者银行的业务变轻松"这种笼统的要求，那是无法立刻开始编写程序的。

在现实世界中，人们在确定自己的职责之后，也会根据情况随时调整，或者即使是相同的工作，不同的人做法也稍微存在区别。另外，人难免会犯错，也会生病或者受伤，所以有时需要协助他人工作，甚至代替他人工作。

虽然计算机可以承担现实世界中的一部分工作，但是它擅长的是固定工作和记忆工作，是一个死板的机器。因此，我们必须从现实世界的工作中选出可以交给计算机的工作。

而编写管理计算机的软件也是一件非常辛苦的工作。仅保证它能正确运行就已经很难了，还必须考虑使用方便、运行效率高、可维护性强以及易于扩展等。在有几十万行代码的大规模系统的情况下，还需要分配工作，确保多名开发人员能够顺利地进行团队开发。

基于这些，在推进软件开发时，需要进行下述三个阶段的工作。

第一阶段（业务分析）：整理现实世界的工作的推进方法

第二阶段（需求定义）：确定交给计算机的工作范围

第三阶段（设计）：确定软件的编写方法

首先是**业务分析**。在业务分析阶段，需要整理好如何对现实世界中的工作进行职责分配，以及如何推进工作。除此之外，还应提取出业务相关的课题，并以此为信息依据来确定交给计算机的工作。业务分析是整理为什么（Why）使用计算机。

接下来是**需求定义**，即定义可以交给计算机的现实世界中的工作。由于计算机擅长记忆工作和固定工作，所以我们需要从现实世界的工作中选出这些工作。需求定义相当于确定让计算机干什么（What）。

最后是**设计**。要在规定时间内高质量地完成大规模的软件是非常辛苦的，因此，在开始编程之前，我们需要充分讨论并定义软件结构，以使多名成员能够有效地展开工作。设计就相当于确定管理计算机的软件如何（How）实现。

像这样，编程之前的工作大致可分为上述三个阶段。

这三个阶段的工作完全不同，但是都很重要。如果业务分析和需求定义不充分，那么最终肯定无法编写出对用户有用的系统。如果设计有所欠缺，那么就难以完成系统，即使侥幸完成了，之后的维护和功能扩展也难以推进。

9.4　建模是顺利推进这三个阶段的工作的技术

实际上，在面向对象出现之前，业务分析、需求定义和设计这三个阶段的工作就已经在做了。那么，面向对象对这三个阶段的工作有什么帮助呢？答案就是"建模"。

建模（modeling）就是"创建模型"的意思。英文"model"有塑料模型、汽车模型等"模型"，以及"时装模特""为理解复杂现象而简化的理论和假设"等含义，而这里的建模是指使用 UML、用二维图形来表示软件功能和内部结构。使用 UML 的建模通常被称为**面向对象建模**。不过，正如第 8 章中介绍的那样，UML 中还包含一些与面向对象并无直接关系的图形，因此，本书中只是称为"建模"。

在建模时，即使是同一个应用程序，业务分析、需求定义和设计的成果也不一样。这是因为三个阶段的目的各不相同，创建模型的观点也不一样。填补现实世界和软件之间沟壑的这三个阶段也可以看作从直接表示现实世界的观点切换为结合计算机的情况进行考虑的观点。

< 建模的目的 >

业务分析：直接把握现实世界的情形。

需求定义：考虑计算机的性质，确定让计算机承担的工作范围。

设　　计：考虑硬件性能、操作系统和中间件的特性以及编程语言的表现能力等，确定软件结构。

○ 9.5　应用程序不同，建模的内容也不一样

虽然简单地称为建模，但是根据应用程序性质的不同，其推进方法和要点也有很大差别。一般来说，常用的应用程序大致可以分为如下几类。

- **业务应用程序**

  企业等的业务活动中使用的系统。诸如出货、订货、库存管理、制造业的生产管理、银行的账目系统、会计和人事等各种系统。购物网站也可以归为此类。

- **嵌入式软件**

  管理电器及各种设备的软件。因为软件是在嵌入装置的 CPU 上运行的，所以这样命名。

- **单机应用程序**

  是指在个人计算机或便携式终端等上面运行的软件。比如电子邮件、浏览器、文字处理软件、电子表格软件、进度管理软件和游戏软件等都属于单机应用程序。之前单机应用程序大多只在客户端环境中运行，但近年来通过网络与服务器通信的应用程序也不断增多。

除此之外，还有在底层支持这些应用程序的基础软件。

- **基础软件**

  诸如 Windows 和 Linux 等操作系统，以及管理数据库处理和进行通信控制的中间件等。

根据这些软件的类别的不同，业务分析、需求定义和设计这三个阶段的工作的推进方法及创建的模型也有很大不同。

接下来，我们将介绍这三个阶段的工作的推进方法和所创建的模型示例，这里以最具代表性的业务应用程序和近年来备受关注的嵌入式软件为例进行说明。

◯ 9.6　业务应用程序记录现实中的事情

首先来介绍一下业务应用程序。

所谓**业务应用程序**，就是支持企业等的业务活动的软件。典型的业务应用程序有出货、订货、库存管理、会计和人事等系统，有时也称为事务处理系统。说现在的企业活动是靠业务应用程序支撑的也毫不为过。

这些应用程序之前都构建在大型机或办公计算机[①]上，但是现在在网络环境下运行这些应用程序的情况也变普遍了。

可以说业务应用程序最重要的工作就是记录现实中的事情。企业的业务活动中会与许多客户进行诸多交易。在计算机出现之前，这些信息都是

---

① 即 Office computer，指比大型机小的计算机。在日本，该词在 20 世纪 70 年代 ~90 年代被广泛使用。

记录在账本等纸面上，而现在通常都是使用计算机进行管理。在纸面上管理这么庞大的信息是非常辛苦的，而如果使用计算机，即使是几百万、几千万条的交易信息，也都可以准确记录，并随时取出。在该领域，擅长记忆工作的计算机能够充分发挥其本领。

在很多情况下，业务应用程序并不只是记录信息，还会基于记录的信息进行计算。例如，计算工资、计算银行利息、核对账单和进款等。在大部分情况下，这些计算处理中使用的只是小学高年级学生都能够理解的加减乘除等简单计算。在引入计算机之前，这些工作都是办公人员使用算盘手工进行的，而现在则大多交给了计算机。

9.7　对图书馆的借阅业务进行建模

下面我们来看一下建模示例。这里以我们身边的图书馆为例进行介绍。由于不涉及金钱交易，所以相比出货、订货和库存管理等，图书馆的借阅业务比较简单，但也具备业务应用程序的基本特征。

我们先从业务分析开始。业务分析需要表现人们在引入计算机之前进行的工作的情况。由于现在一般都使用计算机，所以对于已经使用计算机进行的工作，很多情况下还希望进一步提高工作效率。在这种情况下，在整理既有业务时也会用到计算机。不过，这里我们以全部都是手工作业为前提进行介绍。

我们使用第 8 章中介绍过的活动图来表示工作流程。图书馆的工作包括图书的借阅和预约、图书的采购和报废、盘点等，这里以最常见的借阅业务为例进行介绍。用活动图表示借阅业务，如图 9-2 所示。该图表示了系统应该为图书馆馆员和用户提供什么样的功能。该图虽然很简单，但是能够让我们一目了然地了解图书借阅工作（对于用户来说可能是娱乐而不是工作）是怎样进行的。

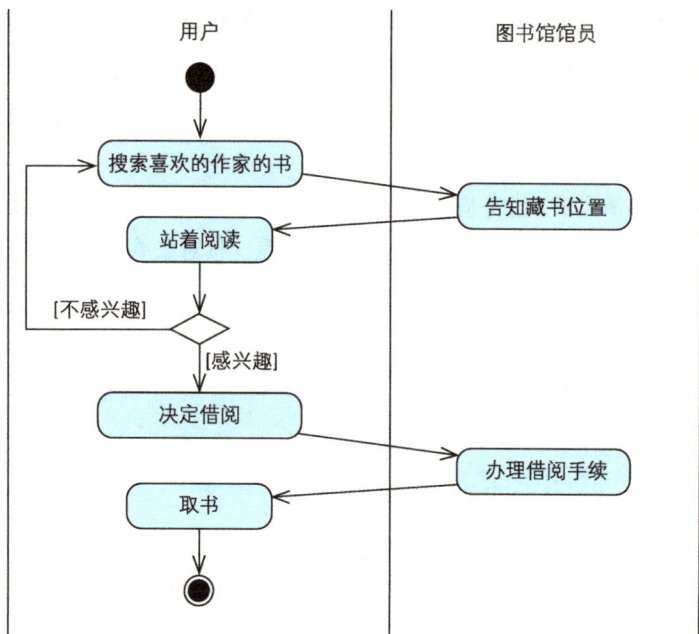

图 9-2　图书馆的借阅业务流程

　　我们基本上都知道图书馆的图书借阅流程，因此，即使不画该图，或许也能够确定交给计算机的工作。不过，对于企业业务或律师、税务人员的工作等我们不熟悉的工作，活动图可以帮助我们理解实际的工作情形。即使是图书馆这种谁都熟悉的例子，通过画活动图来直观地表示整体的模型，也有助于推进对业务课题或改善要点的讨论。

　　一般来说，业务分析是一边聆听相应工作的负责人（在该示例中为图书馆馆员）的介绍一边进行的。不过，这里并不是毫无目的地聆听，通过边听边画如图 9-2 所示的图形，就可以避免在讨论时遗漏要点，从而总结成容易理解的成果。对于图 9-2，即使不是计算机专家，也能够轻松理解其含义。如果在展开讨论时充分利用这种图，用户就会不断提出现状中的不便之处，以及希望在新系统中实现的功能等。这些在确定新系统功能时都是重要的信息来源。建模能够促进人们之间的交流。

9.8   使用用例图来表示图书馆业务

接下来是需求定义。需求定义是查看图 9-2 的活动图，找出计算机擅长的记忆工作和固定工作，从而定义交给计算机的工作。

使用用例图，可以简洁地表示交给计算机的工作。以图书馆系统为例，其用例图如图 9-3 所示。该图也很简单，非常容易理解，在与计算机专家之外的人进行交流时，就可以使用该图。通过一边画用例图一边讨论，就能够涌现出许多意见，比如谁使用系统、提供什么样的功能以更好地服务于用户等。

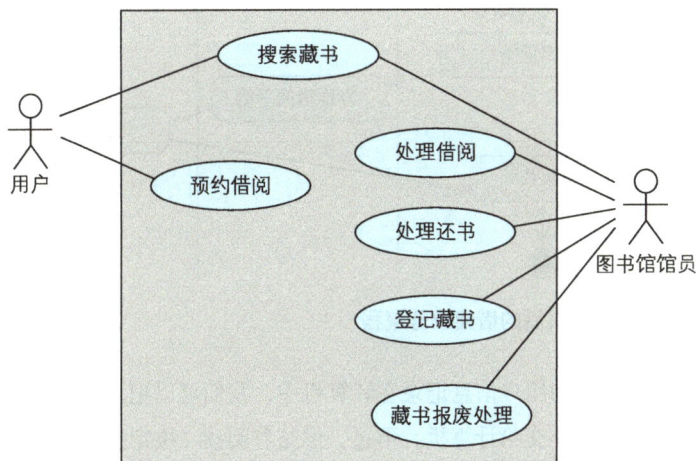

图 9-3   图书馆系统的用例图

在确定计算机的工作范围之后，我们再来改写前面在进行业务分析时画的活动图（图 9-2）。引入计算机之后的借阅业务流程的活动图如图 9-4所示。最右边增加的列［在 UML 中称为泳道（partition）］表示计算机承担的工作。从图 9-4 中可以看出，即使在引入计算机之后，许多工作还是需要由人来完成。

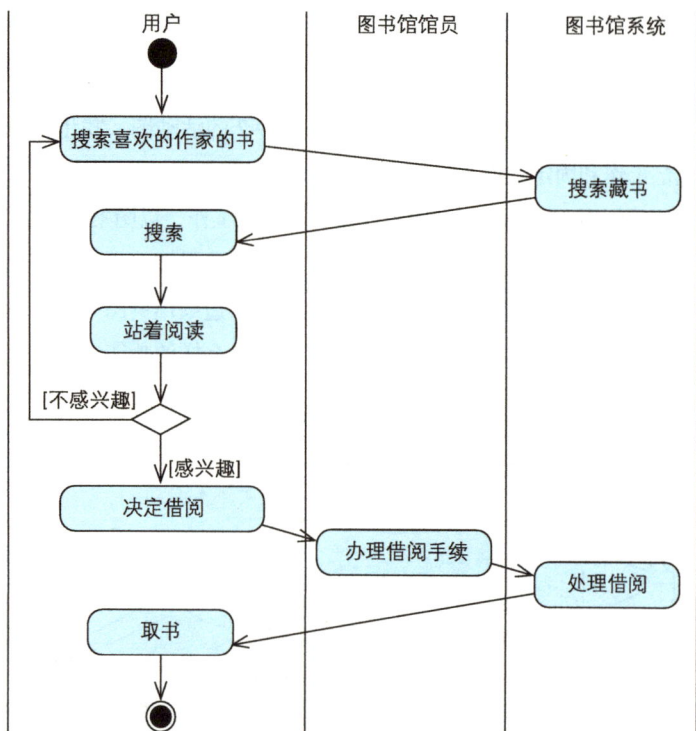

图 9-4　引入计算机后的借阅业务流程

　　通过将藏书和用户信息记录在计算机中，我们可以把大部分搜索藏书和处理借阅的工作交给计算机。不过，像站着阅读、决定借阅和取书等工作是无法交给计算机处理的。从该示例中也可以看出，业务应用程序通常只将现实世界中的一部分工作交给计算机。

　　最近，随着电子书的迅速普及，站着阅读、取书等业务也逐渐有计算机参与进来。不过，即使计算机能为人类提供推荐和朗读等服务，最终还是要由人来确定要读什么书以及理解这本书的内容。因此，计算机并不能完全替代现实世界。

9.9 用概念模型表示图书馆系统的信息

在业务应用程序的需求定义阶段，我们还应该绘制一个重要图形，那就是类图。类图可以表示集合与其元素之间的关系，被用于表示所管理的信息的结构。将系统管理的信息在结构上表示出来的图形称为**概念模型**。由于大部分业务应用程序使用数据库来管理信息，所以该图也就表示数据库的结构。

图书馆系统的概念模型示例如图 9-5 所示。

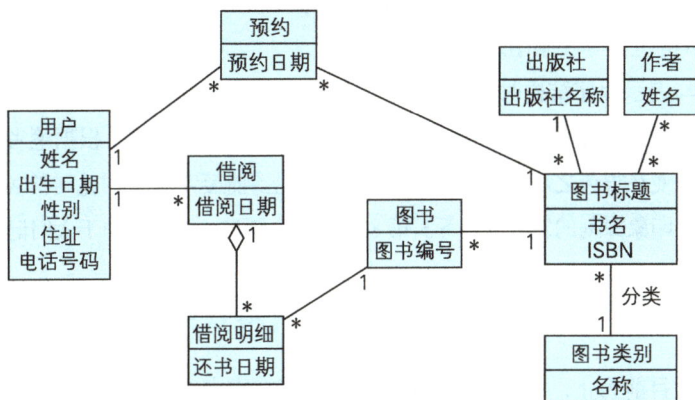

图 9-5　图书馆系统的概念模型

下面，我们用文字来描述一下该图表示的内容。

- 将姓名、出生日期、性别、住址和电话号码等作为用户信息来管理
- 由于会收藏多本相同标题的书，所以将书的类型称为"图书标题"，将一本实实在在的书称为"图书"
- 给每本图书都加上图书编号
- 将图书标题分为小说、专业书、实用书、参考书、童书和写真集等类别进行管理

- 除了书名、ISBN 之外，图书标题中还管理出版社和作者信息
- 用户可以预约多个图书标题
- 用户一次可以同时借阅多本图书
- 同时借阅的图书可以分开归还

　　怎么样？与图 9-5 相比，大家可能感觉文字说明更容易理解。不过，该图逻辑性地表示出了图书馆系统中应该管理的信息。我们可以非常轻松地根据该图来设计关系型数据库的模式（schema）。另外，这里描述的都是很自然的内容，但为了更好地总结该图，我们需要一个一个地确认业务规则。比如，经常被看漏的"图书标题"（类别）和"图书"（一本实实在在的书）的区别等在画图过程中也能够发现。

　　与表示程序结构时一样，相比使用一维的文字来描述，在使用二维图形表示时，由于将图形和内容放在一起，所以更容易记忆。根据笔者的经验，即使在很久之后再次看到图形，也能够立刻想起和用户讨论时的场景以及当时印象深刻的发言内容等。第 8 章中也介绍过，图形有助于人们记忆。

◠ 9.10　在业务应用程序中，数据结构反映现实世界

　　到目前为止，我们介绍了业务应用程序在需求定义阶段的成果，即用例图和概念模型（类图）。这里我们再来重新看一下这两种图形，就会发现业务应用程序的特征。

　　我们先来看一下用例图。图 9-3 的用例图表示了借阅处理、藏书的登记和报废等图书馆中的业务。不过，虽然我们使用计算机实现了这些功能，但是现实世界中还是存在一些必须由人来完成的工作。即使在计算机上进行借阅处理、藏书的登记和报废处理，也还是需要将实际的书借给用户，以及将书摆在书架上、实际进行报废等。计算机只是记录现实世界中的事情，以供之后参考。像这样，许多用例都提供信息的输入和引用功能，这是业务应用程序的一般特征。其依据是，大部分用例的名称中带有"登记""刷新""删除""维护""搜索""查询"等词语。

接下来，我们看一下概念模型（类图）。概念模型用来表示系统中应该记录的信息。比如，图 9-5 中表示了用户、图书、作者等现实世界中存在的人和物，借阅和预约等事情，以及它们之间的关系。在支撑企业工作的业务应用程序中，存在该企业的客户、顾客、商品、合同、交易内容和公司职员等重要信息。

用例图只是表示信息的输入和引用，而概念模型则能够表示现实世界中的人和物、发生的事情。这正是业务应用程序的特征。计算机的主要工作是将现实世界中的事物和事情作为信息进行记录，并搜索这些信息，而判断和交涉、商品和货款的交付等实际工作依然由人在计算机外部的现实世界中进行[①]。

本章开头介绍过，现实世界和软件世界之间存在沟壑。但是，如果仅限于数据结构的话，则它会如实反映现实世界的情形（图 9-6）。

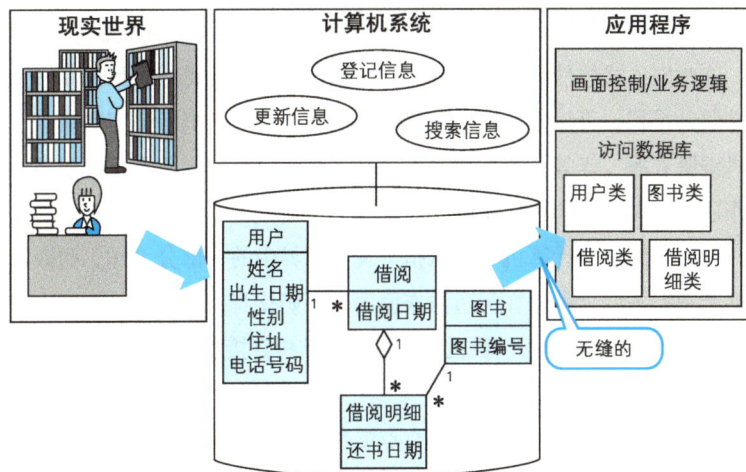

图 9-6　在业务应用程序中，数据结构反映现实世界

---

① 不过，关于金钱交易，也有不少系统只根据计算机上的记录进行处理，而不直接接收实际的纸币或硬币。由于金钱本质上并不是有形的东西，而是"看不见的价值"，所以容易用计算机来替代现实世界中的工作。

> 在业务应用程序中，数据结构反映现实世界。

9.11　嵌入式软件替代现实世界的工作

接下来，我们介绍一下嵌入式软件。

之所以叫**嵌入式软件**，是因为它是"嵌入到"机器中的。有人可能不明白嵌入式软件究竟是什么，实际上，它在我们身边很常见。现在许多电器产品和机器都是通过计算机控制来进行工作的。空调、冰箱、洗衣机和电饭煲等电器产品都由其中嵌入的微处理器进行控制。手机、DVD 播放器、汽车导航系统、液晶电视和摄像机等高科技产品中都运行着高性能CPU。令人惊叹的是，一辆汽车中嵌入了几十个微处理器，来控制引擎、动力转向和上锁等，它们通过车中的网络互相连接。其他的嵌入式软件应用还有很多种，比如心脏起搏器、电梯的运行控制以及导弹控制等。

这些嵌入式软件拥有业务应用程序所没有的重要特征，那就是嵌入式软件驱动机器，直接替代现实世界中的工作。例如，电饭煲实际做饭，洗衣机洗脏衣服，等等。业务应用程序的主要工作是记录信息，许多实际的工作还是由人来做，这与嵌入式软件有很大不同。

前面介绍过，计算机只是承担了现实世界中的一部分工作，而嵌入式软件则稍有不同。就像在河边洗衣服的老奶奶化身为软件，并被嵌入到洗衣机中，每天工作一样。"面向对象编程的结构直接表示现实世界"在嵌入式软件中似乎是成立的。

读到这里，有人可能会感觉有点混乱。稍微有点夸张地说，这种混乱非常重要。计算机到底是干什么的？软件承担了人们的哪些工作？为了理解这些根本内容，大家最好自己认真思考一下。下面我们将一边介绍嵌入式软件的建模，一边介绍笔者的想法，但大家也一定要自己思考一下。

9.12　嵌入式软件中设备的研究开发很重要

我们先来思考一下嵌入式软件的业务分析。所谓业务分析，就是整理计算机出现之前的现实世界中的工作的情形。嵌入式软件与机器一起来替代现实世界中的工作，因此，整理这种机器被发明之前的工作的情形就相当于业务分析。

在洗衣机被发明之前，人们在河边或浴池洗衣服；在电饭煲被发明之前，人们用灶台做饭。与业务应用程序的情况一样，这些人们工作的情形也可以使用活动图来表示（图 9-7、图 9-8）。

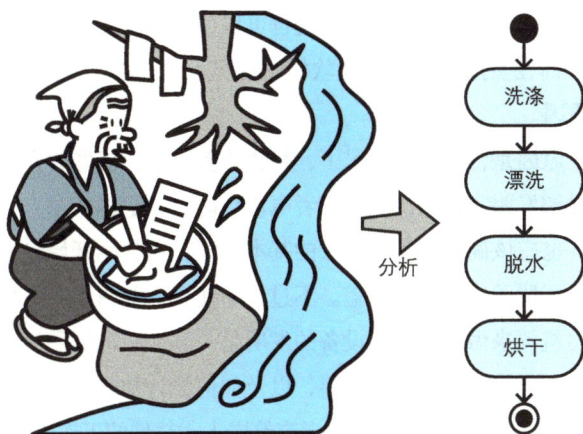

图 9-7　洗衣机的业务分析

图 9-8　电饭煲的业务分析

　　像这样，在嵌入式软件中，我们也可以使用活动图来表示现实世界的工作情形。而在实际开发嵌入式软件的情况下，基本上不进行业务分析。这有两个原因。

　　第一个原因是，在很多情况下，相比业务分析，机器的发明和改良更加重要。最初发明家发明洗衣机或者电饭煲时，一定调查过人们工作的情形。另外，也应该确定了工作方法的基本原理，比如刚开始慢慢煮，中间快速煮，孩子哭了也不要掀锅盖。不过，即使我们明白这些原理，实际的工作还是由机器来做。因此，设备的发明是关键。以电饭煲为例，就是将锅设计成什么形状、选用什么材料，以及如何设计加热功能等。为此，通常会先对设备进行设计，然后再考虑交给嵌入式软件的工作。

　　在嵌入式软件中不进行业务分析的另一个原因是，人不一定能做这些工作。现在，随着技术的进步，很多能够做到人做不到的事情的机器被发明出来，比如我们身边的空调、手机和汽车导航系统等。虽然这些机器的工作也可以强行对应于人的工作，比如使用冰和扇子给屋子降温、使用烽火或信鸽进行通信、副驾驶的人使用指南针或地图时刻判断当前位置来导航，但实际上，就算对这些人的工作情形进行分析，也没有什么用。

　　因此，嵌入式软件中通常不会执行业务应用程序的业务分析工作，而是对新设备的发明、既有设备的改良等进行研究。另外，在进行设备的研究开发的同时开发软件。

9.13   使用状态机图表示全自动工作的情形

许多嵌入式软件不需要人的参与就可以持续运行。电器产品中常使用"全自动"一词来表示该特征。当使用洗衣机或电饭煲时，人只要在最开始按下按钮即可，接下来的工作都是全自动地持续进行的。除了这种根据请求来执行一整套工作的机器之外，还有空调、冰箱等机器，只要不断电，就可以一直运转几天甚至几个月。

另外，业务应用程序的主要工作是记录现实世界中的事物和事情，而这一工作在嵌入式软件中有时并不重要。其中一个原因是，这要求目标设备具有很高的可信赖性。我们需要磁盘等存储介质来记录大量的信息，而汽车引擎、冰箱等在温度条件等非常严峻的环境下很难长期运行。嵌入式软件与业务应用程序的性质有很大不同，因此，需求定义中的建模内容和成果也会大不相同。

为了实现全自动控制，持续驱动机器的嵌入式软件会使用传感器等判断当时的状况，自律地运行。因此，在需求定义中，确定在什么状况下执行什么动作也非常重要。为了表示这种规格，UML 的状态机图非常有用。这里以空调为例进行说明（图 9-9）。

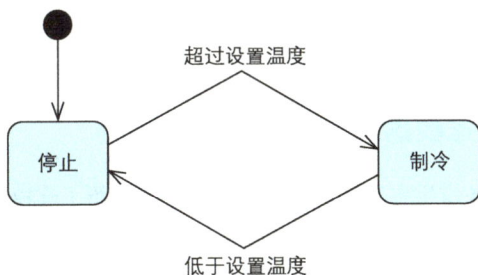

图 9-9　表示空调动作的状态机图

空调的运转原理是，制冷剂吸收屋内的热气，通过被外挂机压缩而放出热量，然后再次回到屋内吸收热气。虽然这些动作是由机器执行的，但是温度设置、风量调节等都由嵌入式软件管理。图 9-9 非常简单，实际的空调还可以通过定时功能来控制电源开关，并且具备快速制冷等功能。这些附加功能也可以使用状态机图来表示。

9.14　嵌入式软件一直执行单调的工作

嵌入式软件持续驱动机器，直接替代人们的工作。最近也出现了一些进行精细控制、看起来会执行高级判断的机器，而实际上，这只不过是机器中嵌入的计算机一直在运行程序中编写的逻辑而已。如果让人不分昼夜地一直做这些工作，那肯定是难以忍受的，但计算机只要通上电，就不会厌烦，也不会抱怨，能够一直不停地执行这些单调的工作。得益于计算机承担了固定工作，人们过上了方便的生活。

现在的嵌入式软件变得越来越复杂，手机、汽车导航等系统中的程序都多达 100 万行以上。随着机器性能的提高，在以固定工作为中心的嵌入式软件领域，类似于手机号码簿之类的记忆工作也变得越来越重要。

嵌入式软件与机器一起完全替代了人们的某些工作。这样考虑的话，感觉像是现实世界被替换为了软件。而执行实际工作的是机器，嵌入式软件只是发送指令而已。嵌入式软件也绝不是在软件世界中直接临摹现实世界。

9.15　建模蕴含着软件开发的乐趣

本章以业务应用程序和嵌入式软件为例，介绍了建模的内容和成果。面向对象能够成为软件开发的综合技术，也可以说是因为建模技术不断发展，覆盖了整个上游工程。

建模并不像编程那样有编译器，而是人类对人类的思想进行整理的技术，而验证建模的也是人类。

　　笔者深入学习面向对象的契机就是感受到了建模的魅力。通过聆听用户，根据不确定的现实世界来编写固定逻辑的软件，这项工作虽然很困难，但的确是一项有价值的、令人开心的工作。这也可以说是软件开发的最大乐趣。希望大家都能掌握建模技术，感受到与编程工作不同的业务分析和需求定义的乐趣。

深入学习的参考书

[1] 渡边幸三. 業務別データベース設計のためのデータモデリング入門 [M]. 东京: 日本实业出版社, 2001.

☆☆☆

[2] 渡边幸三. 販売管理システムで学ぶモデリング講座 [M]. 东京: 翔泳社, 2008.

☆☆☆

这两本书介绍了很多业务应用程序的建模实例和技术窍门。虽然不是介绍面向对象的书, 作者在书中使用的也是独自设计的表示方法, 但是对于从事业务应用程序上游工程相关工作的人来说, 这两本是必读书。

[3] 椿正明. データ中心システムの概念データモデル [M]. 静冈: 欧姆社, 1997.

☆☆☆

作者常年从事业务应用程序领域的数据建模工作, 该书总结了作者在多年的工作经验中积累的理论和表示方法。其中, "资源""事件""库存""剖面"和"摘要"等概念文件类型 (相当于 UML 中的 stereotype) 思想非常恰当地描述了业务应用程序的本质。对于从事业务应用程序上游工程相关工作的人来说, 这是一本必读书。

[4] 平泽章. UML モデリングレッスン——21 のパターンでわかる要求モデルのつくり方 [M]. 东京: 日经 BP 社, 2008.

☆☆

该书主要通过一些简单的练习题来讲解业务应用程序中 21 个典型的数据模型的模式。书中使用 UML 类图和对象图的变形版、状态机图表示模型, 内容主要限定于概念层次的数据建模。

第 10 章

面向对象设计：
拟人化和职责分配

热身问答

在阅读正文之前，请挑战一下下面的问题来热热身吧。

问题 ··

内聚度（cohesion）和耦合度（coupling）是评判软件构件独立性的
两个标准，下面哪一项可被评判为优秀的设计？

A. 内聚度高、耦合度也高

B. 内聚度高、耦合度低

C. 内聚度低、耦合度高

D. 内聚度低、耦合度也低

答案

B. 内聚度高、耦合度低

解析

内聚度和耦合度是在面向对象成为主流之前的 20 世纪 70 年代，在结构化设计方法中提出的用于评判软件构件独立性的标准。

内聚度是评判软件构件所提供的功能互相结合的紧密程度的标准，结合得越紧密，内聚度越高，设计就越好。

耦合度是评判多个软件构件之间互相依赖的程度的标准，依赖程度越低，耦合度越低，设计就越好。

本章重点

　　本章以设计为主题，来介绍用于提高可维护性和可重用性的思想。这里首先介绍设计易于维护和重用的软件结构的三个目标。然后介绍以面向对象的思维方式进行这种设计的技巧，即将作为逻辑集合的软件拟人化，并进行职责分配。

　　该"软件的拟人化"与本书前面介绍的"现实世界与软件结构是似是而非的"从某种含义上来说是矛盾的。而在设计阶段，面向对象的两方面——归纳整理法和编程技术都必不可少。本书前面讨论的现实世界和软件之间的沟壑的话题到本章就结束了。

◯ 10.1　设计的目标范围很广

　　我们先来思考一下设计整体是做什么的。

　　第 9 章中介绍了编程之前需要完成的三个阶段的工作，即业务分析、需求定义和设计。在最后的设计阶段，我们将讨论如何通过软件来实现需求定义中确定的计算机承担的工作范围。

　　虽然简单地称为设计，但是实际的工作还要分为几个阶段。典型的设计阶段的工作流程是定义运行环境、定义软件的整体结构，以及设计各个软件构件（图 10-1）。

　　首先应该定义运行环境，也就是选择并确定所采用的硬件和软件产品。在选择产品时，我们要考虑可靠性和运行效率等系统性能、技术和产品的成熟度、费用、运维的便捷性等各种因素。特别是在软件方面，我们需要确定操作系统、通信和数据库等各个领域中采用的技术和产品。

　　然后应该定义软件的整体结构。这里将整体分割为多个子系统。在嵌入式软件等应用程序中，在该阶段通常也会大致讨论线程的结构。

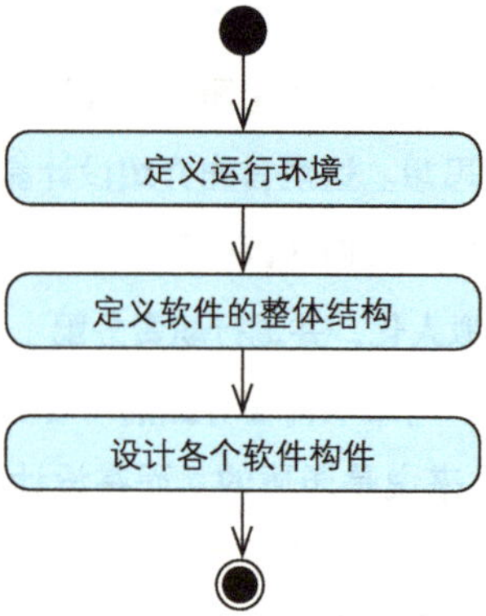

图 10-1　典型的设计阶段的工作流程

　　特别是在 OOP 的情况下，为了确保应用程序整体的标准化和质量，在确定整体共同的软件结构之后，通常会准备第 6 章介绍的框架。

　　接着在下一个阶段，我们会逐个确定用于实现应用程序各个功能的软件构件的规格和接口。在 OOP 中，这相当于确定类和方法的规格和接口。

　　设计阶段的具体工作内容和技术窍门根据所采用的技术、编程语言或产品的不同而不同，也根据业务应用程序和嵌入式软件等应用程序性质的不同而不同。像这样，针对不同的运行环境和应用程序性质，设计的推进方法和技术窍门会有相应的变化，这一内容非常深奥。因此，这里将依赖于运行环境和应用程序性质的设计手法排除在外，只介绍定义软件的整体结构和设计各个软件构件时常见的思想。

10.2　相比运行效率，现在更重视可维护性和可重用性

　　设计的目标是什么呢？

　　最重要的是让软件按照需求规格说明正确运行吧。如果无法实现用户期待的功能，那么，即使运行效率再高，即使使用非常优秀的设计模式实现了高扩展性的软件结构，也毫无意义。

　　而第二重要的目标，在过去应该是运行效率。在硬件性能低下的时代，

我们追求的是创建出运行速度尽量快、内存和硬盘等资源消耗尽量少的软件。而现在硬件性能显著提高，另外，应用程序的规模变大了，软件的寿命也变长了，因此，与运行效率相比，可维护性和可重用性变得更加重要。

那么，怎样才能提高可维护性和可重用性呢？

OOP 的类、多态和继承等结构就是用来提高可维护性和可重用性的。不过，它们终究只是工具，如果只是简单地使用这些工具，并不会提高可维护性和可重用性，重要的是如何运用这些优秀的工具。

另外，第 6 章介绍的设计模式是应用 OOP 结构时的技术窍门集。而这些设计模式也只有在非常适用的情况下才会发挥威力，并不是可以适用于所有情况。

为了提高软件的可维护性，需要让修改位置的定位变简单，使修改的影响范围变小。另外，为了便于重用，需要能够以子系统或构件为单位对软件进行分割。

这里，我们将易于维护和重用的软件结构的目标总结为如下三个。

① 去除重复。
② 提高构件的独立性。
③ 避免依赖关系发生循环。

接下来，我们依次介绍这三个目标。

◯ 10.3　设计目标之一：去除重复

第一个目标是去除重复。

如果功能重复，那么相应地规模就会变大，测试就会变得很辛苦，理解起来也很困难。特别是修改重要问题时，可能会造成遗漏。在最开始编写程序时还好，如果过了一段时间后需要修改该程序，就容易忽视重复的地方，造成修改遗漏。

因此，在设计阶段，我们需要尽可能地避免功能重复。在新编写程序时是这样，之后修改程序时也是如此。为了不影响既有程序，有时会进行"复制 / 粘贴式编程"，即将程序的一部分整体复制下来进行修改，但对于长期使用的软件来说，应该尽力避免这种简单的修改。

为了去除重复，传统编程语言提供的结构只有子程序（函数），用来实现步骤的公用化。而 OOP 中还提供了实现调用端公用化的多态、汇总类的共同部分的继承等结构。这样一来，我们便可以创建之前无法实现的类库和框架等大规模的可重用构件，这在第 6 章中已经介绍过。

10.4　设计目标之二：提高构件的独立性

第二个目标是提高构件的独立性。

为了在日后能修改已经完成的软件，我们首先需要理解该软件，但仅凭一己之力是根本记不住大规模软件多达几万、几十万行的命令群的。那么，为了便于理解这样复杂的软件，我们应该怎么做呢？

一般来说，轻松理解复杂内容的诀窍就是"分割"，即将复杂的内容分割成较小的部分。

在软件中运用这个诀窍的话，就可以将整体看成由多个子系统或构件组成的。不过，只是简单地将软件分割成子系统或构件还不够，重点在于各个子系统或构件的独立性要高。

如果能提高构件的独立性，那么子系统或构件的功能就会变得比较清晰，修改时也更容易确定修改位置。即使对某个构件或子系统进行了修改，也可以将该修改对其他部分的影响控制在最小限度。另外，我们也能很容易地将独立的构件拿出来，并在其他应用程序中重用。

> 为了提高可维护性和可重用性，重要的是使用独立性高的构件来组成软件。

基于提高构件和子系统独立性的思想，下面将介绍内聚度和耦合度两个标准，它们在面向对象成为主流之前就已经被提出来了。

内聚度是评判软件构件所提供的功能互相结合的紧密程度的标准，结合得越紧密，内聚度越高，设计就越好。

耦合度是评判多个软件构件之间互相依赖的程度的标准，依赖程度越低，耦合度越低，设计就越好。

通俗地说，就是各个构件内部紧密结合，构件和构件之间不互相依赖（图 10-2）。打个比方，就是排除外人，内部紧密团结，将与周围人的交往控制在最低限度。

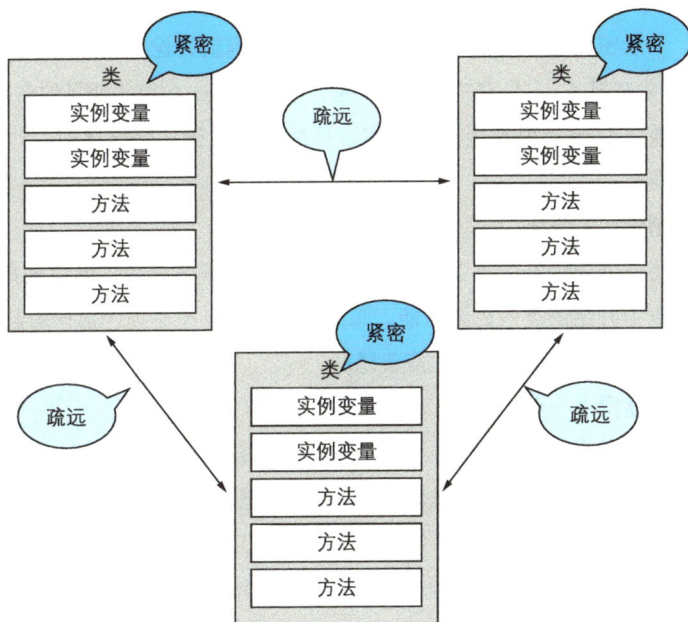

图 10-2　内聚度高、耦合度低的情形（以类为例）

在面向对象中，软件构件的基本单位是类，因此，内聚度高、耦合度低就相当于一个类中定义的功能（方法和变量）的含义密切相关，而类之间的交互较少。这种内聚度和耦合度的思想也适用于方法和包。

○ 10.5 提高构件独立性的诀窍

不过，如果只是坚持"强化内聚度、弱化耦合度"的方针，在实际设计时会很难判断。下面，我们针对类和方法，来介绍几个提高构件独立性的具体窍门。

- **起一个能用一句话表示的名称**

  强化内聚度的最大诀窍就是起一个能用一句话明确表示类功能的名称（包和方法中也是如此）。如果命名不恰当，类中就可能包含结合不紧密的功能，在这种情况下，我们就需要讨论类的分割。俗话说"名如其人"，只有构件结合紧密，才能够起一个简洁明了的名称。通过起一个容易理解的名称，日后他人在确认该程序时，也容易理解。

- **创建许多秘密**

  将向外部公开的类信息控制在最小限度。具体来说，就是使用第 4 章中介绍的类的隐藏功能。隐藏实例变量自不必说，那些看起来并不会直接使用的方法也应该隐藏。

- **创建得小一点**

  还有一个诀窍是，所创建的各个类和方法要尽可能地小。如果在一个类中定义过多的方法和变量，就难以理解整体是做什么的。

  另外，有时使用 OOP 编写的方法只有几行，甚至一行。虽然并不是所有方法都要这么小，但是在使用 OOP 的情况下，一个方法的上限应该是二三十行。

  相反，即使最开始创建得并不小，为了提高构件的独立性而对功能加以限制后，方法和类也就自然而然地变小了。

10.6 设计目标之三：避免依赖关系发生循环

内聚度和耦合度在面向对象成为主流之前就已经被提出，其重要性至今也没有发生改变，但在以 OOP 为前提的情况下，还有一个重要目标，那就是避免**依赖关系**发生循环。

其中，避免包的依赖关系发生循环尤为重要。这是设计时必须遵守的规则，其目的就是维持大规模软件中的秩序。

> 为了维持软件中的秩序，避免包和类的依赖关系发生循环非常重要。

下面我们来更详细地介绍一下依赖关系。

所谓依赖关系，就是某个构件使用其他构件。图 10-3 表示构件 A 依赖于构件 B，这也可以说，在编译构件 A 时需要构件 B。

图 10-3 构件 A 依赖于构件 B

而如果这种依赖关系发生循环，就会有问题。我们以三个构件的依赖关系发生循环为例来思考一下。如图 10-4 所示，如果存在依赖关系的循环，在修改或重用这些构件时就会发生问题。那么，会发生什么问题呢？

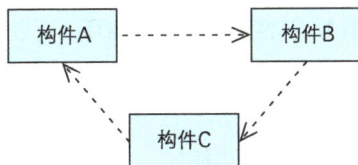

图 10-4 依赖关系的循环

203

　　我们先来看一下重用的问题。在依赖关系存在循环的情况下，这三个构件都将无法单独编译。因此，这些构件都无法单独重用，必须组合使用。

　　图 10-4 的结构在修改时也会发生问题。对某个构件有依赖关系，也就是会以某种形式使用该构件，因此，在修改该构件的情况下，就需要确认是否对使用端有影响。在图 10-4 中，无论对哪一个构件进行修改，都必须确认对 A、B、C 所有构件的影响。

　　我们再来看一个例子，如图 10-5 所示，构件 A 与构件 C 的依赖关系与图 10-4 相反。

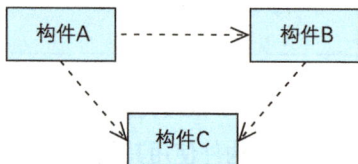

图 10-5　避免依赖关系发生循环

　　虽然只是掉转了一个依赖关系的方向，但是这样依赖关系就不循环了。这里，构件 C 是完全独立的，因此，我们可以将构件 C 单独拿出来重用。另外，虽然构件 A 依赖于构件 B 和构件 C，但是其他地方并未使用构件 A，因此，当修改构件 A 时，无须确认对其他构件的影响。像这样，为了提高可维护性和可重用性，避免构件的依赖关系的循环是非常重要的。

　　这种依赖关系的思想在结构化语言时代是不需要的。这是因为，如果循环调用子程序（函数），就容易形成无限循环，所以那时基本上不会出现循环结构。而在 OOP 中，由于引入了汇总多个方法的类、汇总多个类的包等结构，类之间或者包之间容易出现依赖关系的循环，所以我们需要谨慎地设计包和类，避免依赖关系发生循环。

　　另外，第 8 章中介绍的 UML 的图形表示规则中就非常注意这种依赖关系。UML 类图和包图中使用的四种关系如图 10-6 所示。它们的箭头形状不同，但其方向都表示依赖关系。虽然本书中没有详细介绍 UML 图形的绘制方法，但是依赖关系的方向在面向对象设计中非常重要，建议大家牢记该规则。

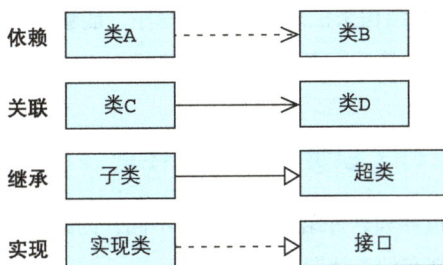

图 10-6　UML 类图和包图中的箭头表示依赖关系的方向

10.7　面向对象设计的"感觉"是拟人化和职责分配

前面我们介绍了易于维护和重用的软件结构的三个目标。

为了设计这样的软件，除了具体的技术之外，我们还需要某种"感觉"。由于是"感觉"，所以很难用文字来表达，但以笔者的经验来说，就是**拟人化**和**职责分配**。

大规模软件非常复杂。当人们从事复杂的工作时，就会将人或组织的职责分开，与此相同，实现复杂功能的软件也会将职责分配给各个子系统或构件。

实际上，正如第 2 章中讨论的那样，现实世界和软件结构是似是而非的。尽管如此，在设计阶段，我们还是会考虑将作为逻辑集合的软件拟人化，参照现实世界中的人和组织，进行职责分配。

这并不是介绍 OOP 结构时的比喻，而是进行面向对象设计时的"感觉"。

在评审设计时，我们有时会听到"该类知道这个信息，但不知道那个信息，因此，无法拥有那个功能""这家伙是这种作用，所以调用这种方法"等。这些说法，特别是后一种将类称为"这家伙"的拟人化表示，在结构化语言的设计中基本上是听不到的。

使用 OOP 的类结构来汇总变量和子程序，能够提高软件构件的独立性，笔者认为这非常接近于担任某种职务的"××主管"等情形。

10.8　进行了职责分配的软件创建的奇妙世界

不过，现实世界和软件结构存在很大不同，因此，进行了职责分配的软件世界是脱离现实的奇妙世界。

我们来看一个例子。以银行存款的取款处理为例，我们将软件进行职责分配的情形套用在现实世界中，如图 10-7 所示。银行账户相当于钱包，所以请求"账户"对象进行取款，就相当于请求钱包"给我 3 万日元"。除此之外，将集中处理日期的"日历"类、打印交易结果的"存折"类等放在现实世界中来考虑，就相当于无生命的钱包和存折回答问题并执行被请求的工作一样。真是一个奇妙的世界！

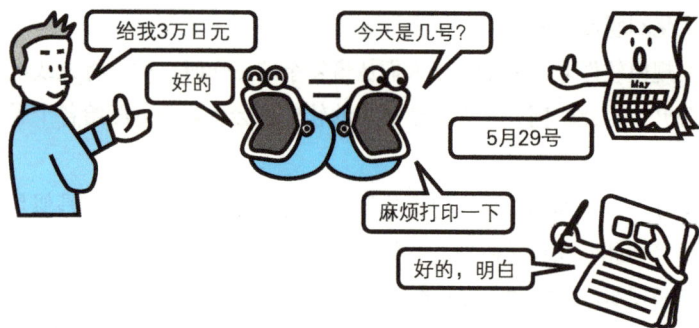

图 10-7　软件进行职责分配的奇妙世界

不过，在使用面向对象编写软件的情况下，无生命的事物（object）会承担职责，互相发送消息，从而完成整个工作 [1]。这样进行设计，可以提高类和包的独立性，以及整个软件的可维护性和可重用性。

本书在前面的章节中主张面向对象具有编程技术和归纳整理法两方面，我们应该将它们分开考虑。而在设计阶段，归纳整理法和编程技术这两方面都必不可少。因此，可以说同时考虑这两方面正是面向对象设计的"感觉"。

另外，以笔者的经验，在采用 OOP 进行设计和编程的情况下，尽管头脑中清楚现实世界和软件结构是完全不同的，但仍会有"它们是一样的"这种错觉。

笔者认为其原因是，不管是现实世界中的人和组织，还是作为逻辑集合的软件，进行职责分配的大脑的用法都是一样的。

这或许也是大家接受"面向对象是将现实世界直接表示为软件的技术"这一说法的一个原因吧。

---

[1]　在实际的应用程序设计中，除了与现实世界中存在的事物相应的对象之外，还会定义很多软件专用的对象，来承担具体的职责，从而实现整体的功能。

深入学习的参考书

[1] Robert C. Martin. 敏捷软件开发：原则、模式与实践 [M]. 孙鸣，邓辉，译. 北京：人民邮电出版社，2008.

☆☆

该书基于丰富的示例代码和案例分析，详细介绍了为了恰当地设计类而应该遵循的各种设计原则（SRP、OCP 和 LSP 等），以及 GoF 设计模式、XP 实践等相关内容。虽然这是一本超过 670 页的大部头著作，但是对于想具体学习面向对象设计的技术窍门的人来说，该书是非常值得阅读的。

[2] Alan Shalloway，James R. Trott. 设计模式解析 [M]. 徐言声，译. 北京：人民邮电出版社，2006.

☆☆

该书结合 GoF 设计模式的应用示例，具体介绍了职责分配、内聚度和耦合度、接口与实现的分离等内容。该书并非仅仅停留在抽象地介绍面向对象设计的"感觉"，而是对其进行了具体的讲解。

[3] Michael C. Feathers. 修改代码的艺术 [M]. 侯伯薇，译. 北京：机械工业出版社，2014.

☆☆

"无测试的代码就是遗留代码"就出自该书。该书以质量较差的既有代码为对象，介绍了通过编写测试代码来改善设计的手法。该书深入最基础的编程现场，为大家介绍极具实践性的技术窍门。

[4] 成瀬允宣. ドメイン駆動設計入門 ボトムアップでわかる! ドメイン駆動 設計の基本 [M]. 东京: 翔泳社, 2020.

该书介绍了将问题领域的知识反映到软件结构中的开发方法 DDD（Domain Driven Design，领域驱动设计）。基于丰富的示例代码，详细介绍了 DDD 的构成元素（值对象、实体、服务、仓储、工厂等）。DDD 的经典著作《领域驱动设计》是一本大部头，讲解比较抽象，因此，建议读者结合该书来阅读。

当今的OOP

执行时不受类约束的 JavaScript

JavaScript 诞生于 1995 年，原名为 LiveScript，为了效仿当时备受关注的 Java，后来改名为 JavaScript。

JavaScript 最常见的用法是，嵌入到显示 Web 页面的 HTML 中，来控制客户端 Web 浏览器的动作。Web 页面的信息来源于被称为 DOM（Document Object Model，文档对象模型）的对象模型。

在 JavaScript 刚出现的时候，由于各 Web 浏览器的开发商都是独自扩展规范，所以浏览器之间存在兼容性的问题，后来，Ecma 国际（其前身为欧洲计算机制造商协会，ECMA）制定了其标准——ECMAScript。

* * *

JavaScript 的名称很容易让人联想到无须编译就能运行的 Java，但实际上 JavaScript 的本质与 Java 等常见的 OOP 完全不同。用一句话来概括这种不同，就是 "JavaScript 执行时不受类的约束"。

JavaScript 中使用构造函数来创建实例（代码清单 10.a）。在调用 Triangle 函数后，就会创建一个三角形实例，它持有变量 width（底边）、变量 height（高）和计算面积的 getArea 方法。如果我们多次调

代码清单10.a　使用构造函数来创建实例

```
function Triangle(width, height) {
  this.width = width;        // 底边
  this.height = height;      // 高
  this.getArea = function() { // 计算面积
    return this.width * this.height / 2;
  }
}
var triangle = new Triangle(75, 40); // 创建实例
```

用该函数，那么每次都会创建一个三角形实例。

如果仅看这些，大家或许认为 JavaScript 的结构与常见的 OOP 是一样的。而 JavaScript 与 OOP 有一个很重要的区别，那就是 JavaScript 中方法和变量的定义并不是针对类，而是针对实例。对于已经创建好的实例，我们还可以添加或删除方法和变量。而在常见的 OOP 中，方法和变量的定义是在类中确定的，这与 JavaScript 存在很大区别。

JavaScript 拥有被称为原型的结构，用来管理多个实例共有的方法和变量。通过该结构，我们可以将多个实例共有的方法汇总到一处，从而节省内存。原型中的方法和变量是在执行时定义的，而不是在编写程序时定义的。

基于这样的结构，像 JavaScript 这样的语言就被称为"基于原型"，而一般的 OOP 则被称为"基于类"。

* * *

JavaScript 在很长一段时间都没有声明类的语法，不过，在 2015 年制定的 ECMAScript 2015 中新增了 class 语法，因此，JavaScript 如今也可以像 Python 和 Ruby 那样编程。但是，JavaScript 内部仍然使用不受类约束的实例和原型结构来执行动作。

热身问答

在阅读正文之前，请挑战一下下面的问题来热热身吧。

问题

"敏捷软件开发宣言"强调了关于软件开发的四个价值，下面哪一项不是对这四个价值的描述？

A. 个体和互动高于流程和工具

B. 工作的软件高于详尽的文档

C. 客户合作高于合同谈判

D. 成员的动力高于遵循计划

答案 ·

D. 成员的动力高于遵循计划

解析 ·

　　敏捷开发是与传统的瀑布式开发相对的一个概念，是指通过不断进行较小的发布，阶段性地开发软件的软件开发方法。传统的开发流程着重于通过确定作业顺序和成果形式，来避免对特定人的依赖，按计划推进软件开发。而敏捷开发则着重于极力排除中间成果，重视顾客和成员的互动，灵活应对变化。

　　"敏捷软件开发宣言"由各种敏捷开发方法的提倡者和推进者总结而成，表明了敏捷开发的基本价值。

　　A~D 中最后一项是不正确的，正确内容是"响应变化高于遵循计划"。

本章
重点

本章将介绍迭代式开发流程及其子集——敏捷开发方法的相关内容，以及支持敏捷开发的具有代表性的实践（实践方法）。

通过重视人、工作的代码、客户合作和响应变化的"敏捷软件开发宣言"，XP 和 Scrum 等轻量级迭代式开发流程开始作为敏捷开发方法为人所熟知。

另外，本章还将介绍用于顺利推进敏捷开发的具有代表性的三种实践（实践方法），即测试驱动开发（TDD）、重构和持续集成（CI），如今这三种实践都得到了广泛应用。

11.1 仅靠技术和技术窍门，软件开发并不会成功

到目前为止，我们分别介绍了面向对象中的各种技术。那么，要想成功地进行软件开发，仅靠这些技术就够了吗？

当然，并一定如此。

像企业的基础系统那样大规模的软件，要几十人或几百人组成团队，耗费几个月甚至几年来开发。从工期、预算和投入的人数来看，这样大规模的软件开发是一项大工程，可以匹敌大厦的建设。即使没有这么大的规模，想要顺利推进软件开发工程并最终取得成功，也并不容易。

作为软件开发成果的程序是无形的，从某种程度上来说，只要程序未开发完成，就无法运行并确认结果。要编写出完美的程序来控制不会随机应变的计算机是一件很不容易的事，这在本书中已经提到过多次。另外，对于用二维图形来表示需求规格和源代码的 UML，如果不是专业人员，也无法判断其质量。

软件开发工作一般不会像事务性工作那么简单。与客户和成员开碰头会，将想法形成文档和程序，这就涵盖了沟通工作和脑力工作。可能稍微

有些夸张，但如何顺利推进这种由多人共同进行的脑力工作，或许可以说
是一个永恒的课题。

11.2　系统地汇总了作业步骤和成果的开发流程

为了顺利推进软件开发，对作业项目和步骤、成果形式和开发成员的
职责等进行系统的定义，从而形成**开发流程**。过去，开发流程一般是工厂
供应商制定的自己公司的标准。而近年来，以各个技术人员和社区为中心，
将整个业界的优秀思想进行共享的活动变得活跃起来。

下面，我们将首先介绍一下开发流程的两种基本类型，即瀑布式开
发流程和迭代式开发流程。然后介绍具有代表性的迭代式开发流程 XP 和
Scrum。

11.3　限制修改的瀑布式开发流程

我们先来介绍一下瀑布式开发流程。

瀑布式开发流程是过去广泛使用的一种最具代表性的开发流程。正如
"瀑布"一词所表示的那样，这种开发流程的目标是避免返工，像水流一样
不断向前推进，因此才如此命名。

如图 11-1 所示，瀑布式开发流程中依次实施需求定义、设计、编码和
测试等作业[1]。首先制订整体计划，然后在规定期限内实施各个作业，并对
作业成果进行评审和认定，再进入下一个阶段。

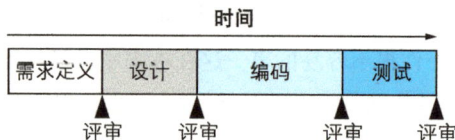

图 11-1　瀑布式开发流程

[1]　第 9 章中介绍的业务分析由于是在软件开发之前实施的，所以通常不包含在软件开
发流程中。

该瀑布式开发流程的基本前提是"软件的修改会产生很大的成本"。

软件本质上是很精细的。哪怕只有一行命令错误或者一个字符拼写错误，也会导致程序出错并结束运行。特别是在开发环境远不如现在的时代，软件的修改成本要比现在高很多。因此，即使是简单的规格变化，修改和测试程序的成本也很高，修改时引发新 bug 的风险也不可忽视，更不要说在开发过程中进行规格的大幅修改了。

因此，主张在一开始就确定需求，并将规格的修改控制在最小限度的瀑布式开发流程便应运而生。

另外，瀑布式开发流程中会编写大量的文档，这些文档是需求定义和设计的成果，其前提是"编写文档的成本要比编写软件低得多"。

虽然最近有不少人开始批判这种开发流程会编写大量没用的文档，无法跟上需求的变化，是一种过时的官僚主义的开发流程，但是瀑布式开发流程作为开发流程的一种基本形式，笔者还是希望大家能够好好理解一下。

11.4　瀑布式开发流程的极限

不过，瀑布式开发流程是存在极限的，这大致可以分为需求问题和技术问题两种。我们来分别介绍一下。

首先是需求问题。在瀑布式开发流程的最开始阶段要定义系统要求的所有功能，但这不一定能实现。

原因有很多。首先，人可能考虑得不够全面。另外，确定需求规格的人并不一定完全理解整个业务，有时意见不一致或者想法不同会造成规格说明存在矛盾。实际上，在运行已经完成的系统时，还会有新的想法，这种情况并不少见。另外，系统的前提条件和目标也可能会受到外部因素的影响而发生变化。在企业系统中，如果业务目标和环境发生变化，也会影响系统的需求。

因此，无论在最开始阶段多么充分地定义需求，之后往往也会不断地修改规格说明。

另一个是技术问题。在计算机领域，技术革新非常快，采用新技术和尚未被广泛使用的产品来构建系统的情况也不少见。一般来说，只有在实际编写程序并运行时，才能发现这些新技术和新产品的恰当用法和性能方面的问题。而在瀑布式开发流程中，编码和测试处于开发的后半阶段，因此，发现这些问题时也为时已晚了。如果存在大问题，那么开发工程的整个计划都会受到很大影响。

11.5　灵活响应变化的迭代式开发流程

为了应对上述问题，**迭代式开发流程**应运而生。在迭代式开发流程中，从需求定义到设计、编码和测试的一连串作业称为**迭代**（iteration）。迭代有"循环""反复"之意。一次软件开发中会执行多次迭代（图 11-2）。

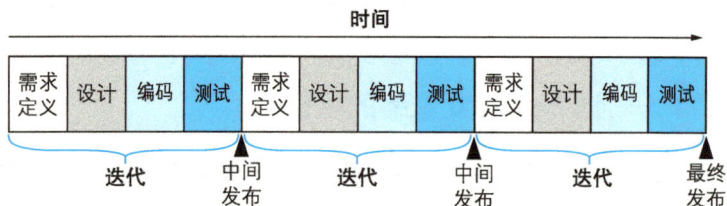

图 11-2　迭代式开发流程

采用这种开发方法，前面介绍的需求问题和技术问题就可以解决了。

首先是需求问题。迭代式开发流程不在一开始就确定所有的需求规格，而是阶段性地编写软件，进行多次中间发布，并每次都获取用户的反馈。通过像这样进行推进，就容易应对需求的变化。

另外，为了尽早发现技术问题，从工程的早期阶段就会编写并运行一部分实际的应用程序。即使发生严重问题，如果能够在早期发现，由于时间比较充裕，我们也容易提出合适的对策。

11.6　打破诸多限制的 XP

迭代式开发流程存在各种各样的方法，其中最具代表性的是 1999 年发布的 XP，它受到了技术人员的诸多关注。XP 是 eXtreme Programming 的缩写，extreme 的意思是"极限的""极端的"，所以 XP 译为**极限编程**。

XP 是一种迭代式开发流程[①]，但它基本上没有定义形式上的作业步骤和文档形式的成果，而是定义了"4 个价值"的基本理念和实践 XP 的"12 个实践（实践方法）"。

<XP 的 4 个价值 >

- 沟通　　　　　　　　 • 反馈
- 简单　　　　　　　　 • 勇气

从这 4 个价值中可以看出，XP 是一种很有特色的开发流程。听到"沟通""简单""反馈""勇气"这些词语，肯定很多人都想不到这是关于软件开发流程的话题。这 4 个价值的具体含义分别如下所示。

- **沟通**（communication）

  重视与小组成员和客户的沟通。

- **简单**（simplicity）

  不拘泥于设计，鼓励从最简单的解决方式入手并不断进行重构，以实现在需要修改时能够随时改善既有程序的内部结构。

- **反馈**（feedback）

  立即运行编写的程序进行测试，并反馈测试结果以进行改善。

- **勇气**（courage）

  需要时有勇气改变设计。

---

① 是否将 XP 归属于开发流程还存在争论，但这里我们将其作为一种开发流程进行讲解。

<XP 的 12 个实践 >

- 计划博弈
- 隐喻
- 测试
- 结对编程
- 持续集成
- 现场客户

- 小型发布
- 简单设计
- 重构
- 代码集体所有
- 每周 40 小时工作制
- 编码规范

"12 个实践"[1]中的很多内容按照以往的常识来说都是禁忌，例如两个人共享一台计算机进行编程的"结对编程"、之后改善已完成程序的内部结构的"重构"、客户常驻开发小组一起工作的"现场客户"等。

在过去，提到开发流程，人们就会联想到形式主义，重视文档，而 XP 则打破了人们的这一固有印象。从这一点来看，XP 与传统开发流程形成了鲜明对比。另外，XP 受到了很多一线开发人员，尤其是程序员的支持。这种开发流程从"成员的角度"来看待软件开发，如此受到一线开发人员大力支持的开发流程是未曾有过的。

而 XP 之前的开发流程是从"管理者的角度"来看待软件开发的。传统开发流程的目标是将作业步骤和成果形式标准化，排除对特定人的依赖，像生产工业产品一样编写软件，并将成员作为资源来对待。

XP 的立场则完全不同。XP 重视成员的干劲和沟通。为了快速、有效地实现最终成果，并轻松应对变化，XP 省略了无用的作业和中间成果。"如果单元测试进展顺利，大家就去庆祝一下""一边吃零食一边编码"等，与之前死板的开发流程有着 180 度的转变。

这可能是因为提出 XP 的肯特·贝克（Kent Beck）自己就是程序员，他知道像他那样的程序员在什么样的环境中能有最好的表现。这种思想有点极端，但是凸显了作为脑力工作的软件开发的本质一面。

---

[1]　《解析极限编程：拥抱变化》一书中的定义。XP 的实践后来被多次修订。

◯ **11.7 确定团队工作推进方式的框架的 Scrum**

另一种广为人知的迭代式开发方法是 Scrum。Scrum 这一名称源于橄榄球，表示团队成员合力推进工作[1]。这是杰夫·萨瑟兰（Jeff Sutherland）和肯·施瓦伯（Ken Schwaber）二人在 20 世纪 90 年代提出的方法，其最新信息通过 Scrum 指南进行发布。

Scrum 的一大特征就是，团队成员只有如下 3 种角色。

- **产品负责人**

  项目的最终责任人。产品负责人站在客户的立场上，负责确定产品订单（实现最终产品的作业项目）的优先顺序，但不干涉开发团队的作业。

- **开发团队**

  进行实际的开发作业的团队。自组织团队的成员可跨职能地推进作业，因此，各个成员并不会被定义为组长、架构师、程序员等特定的职位。

- Scrum Master

  辅助团队使用 Scrum 方法顺利推进作业的教练。主体是开发团队，而不是所谓的项目经理或管理人员。

Scrum 中还规定了用来把握作业进度的订单管理方法等。

与其他迭代式开发方法一样，Scrum 通过循环执行多次迭代[2]来推进软件开发作业，但 Scrum 并未规定软件开发作业的具体推进方法及各项作业的具体输出。除此之外，Scrum 指南中甚至连需求定义、设计、编码、测试等软件开发的术语都没有提及。其原因是，虽然 Scrum 原本是面向软件开发提出的，但在提炼方法的过程中，排除了软件开发相关的

---

[1] 关于 Scrum 的经典作品是野中郁次郎和竹内弘高的研究论文 "The New New Product Development Game"，其中将日本企业中自组织的开发团队命名为 Scrum。

[2] Scrum 中将迭代称为冲刺（sprint）。

元素，最终成了并不局限于软件的"用于开发、提供、维护复杂产品的框架"。

Scrum 的定义十分简洁，是一个轻量级的流程 ①。由于 Scrum 并未定义软件开发的作业内容和推进方法，因此，它可以和 XP 实践等各种软件开发方法进行组合，而且不会产生矛盾。

我们在前面介绍过，瀑布式开发流程的基础是"管理者的角度"，XP 的基础是"程序员的角度"，而 Scrum 的基础可以说是"团队的角度"。Scrum 的主角是自组织开发团队，但它同时还重视"管理的角度"，将完成最终产品所需的作业内容、进度可视化。Scrum 被广泛接受的主要原因就是其良好的平衡性。

11.8　快速编写优秀软件的敏捷宣言

受 XP 的刺激，之后又出现了许多具有类似思想的轻量级迭代式开发流程。另外，还出现了将它们统一命名为**敏捷开发方法**进行推进的活动。由于这种开发方法重视省去无用的作业，快速编写优秀的软件，所以这样命名。

2001 年，这些开发方法的提倡者和推进者一起总结了**敏捷软件开发宣言**（简称敏捷宣言，Agile Manifesto），如图 11-3 所示。

---

① 　Scrum 指南 2020 版的 PDF 只有 13 页（含封面和目录）。

敏捷软件开发宣言
(Manifesto for Agile Software Development)

我们一直在实践中探寻更好的软件开发方法，
在身体力行的同时也帮助他人。由此我们建立了如下价值观：

个体和互动 高于 流程和工具
工作的软件 高于 详尽的文档
客户合作 高于 合同谈判
响应变化 高于 遵循计划

也就是说，尽管右项有其自身的价值，
但我们更重视左项的价值。

Kent Beck	Mike Beedle	Arie van Bennekum
Alistair Cockburn	Ward Cunningham	Martin Fowler
James Grenning	Jim Highsmith	Andrew Hunt
Ron Jeffries	Jon Kern	Brian Marick
Robert C. Martin	Steve Mellor	Ken Schwaber
Jeff Sutherland	Dave Thomas	

著作权为上述作者所有，2001年
此宣言可以任何形式自由复制，但其全文必须包含上述申明在内。

图 11-3　敏捷软件开发宣言

现在，"敏捷开发"一词作为以 XP 为代表的轻量级迭代式开发方法的总称使用。

11.9　支持敏捷开发的实践

在采用敏捷开发方法的情况下，从工程的初始阶段就开始编写最终成果的代码。另外，在工程期间，由于会对代码进行功能扩展和规格修改，所以需要一直确保代码质量。为了顺利推进敏捷开发，相关技术窍门被整理为了**实践**（实践方法）。

接下来，我们将介绍三种具有代表性的实践——测试驱动开发、重构和持续集成。它们的目的都是编写、改善并维持最终成果的代码。现在，这些实践已被广泛使用，并不局限于敏捷开发。

11.10　先编写测试代码，一边运行一边开发的测试驱动开发

测试驱动开发译自 Test Driven Development，简称 TDD。

以前，提到编码，就是指编写代码进行编译。常见的做法是，在编写代码之前进行详细的设计，在编译之后考虑测试用例，进行单元测试。

TDD 中将详细设计、编码和单元测试汇总在一起，采用与以往相反的顺序进行推进，具体步骤如下所示。

<TDD 的作业步骤 >

① 编写测试代码。

② 编译通过。

③ 进行测试，确认失败情况。

④ 编写代码，使测试成功。

⑤ 去除重复的代码。

最开始是编写测试代码（①）。这一步骤将要开发的代码的规格和期待的动作形成为具体的形式。然后，为了编译通过（②），编写所需的最低限度的逻辑，并确认最开始编写的测试代码的失败情况（③）。到这里为止都是准备工作。④相当于传统的编码，这里编写代码主体，使测试成功。在代码正确运行之后，删除冗余的逻辑，改善代码，使其变整洁（⑤相当于下一节将要介绍的重构）。

在开发某个方法或类时，通常会以几分钟的周期，多次循环执行①到⑤的步骤，逐渐加入功能。

习惯传统编码方式的人可能会认为每次编写测试代码是一项冗余作业。不过，TDD 有很多好处。

最大的好处就是能够切实编写实际运行的代码。这是因为，为了完

成步骤④，不仅要使编译通过，还需要使测试用例运行成功。反馈快也是一大好处。传统的做法是依次进行详细设计、编码和单元测试，如果详细设计时造成了缺陷，那么直到在单元测试时发现，通常要经过很多天。而在 TDD 中，步骤①到⑤是以非常短的周期推进的，因此，设计和编码时造成的缺陷在几分钟之后就可以被发现并修改。TDD 这一开发方法也可以看作将以较小的迭代单位进行开发的敏捷开发思想引入到编码作业中。

按照 TDD 的步骤，我们也可以同时得到用于验证代码的测试代码。通过运行该测试代码，即使在以后的开发中修改规格或添加功能，也可以随时确认既有代码是否运行正确。为了简洁地编写测试代码，还需要提高模块的独立性，因此，这也有助于提高设计质量。只要测试代码写得清晰易懂，就还可以用作描述设计和外部规格的文档。由于 TDD 对提高编码作业的质量和生产率做出了很大贡献，所以得到了广泛使用，而不只是局限于敏捷开发。

11.11　在程序完成后改善运行代码的重构

重构（refactoring）是指不改变已完成的程序的外部规格，安全地改善其内部结构[①]。重构不只是一个概念，更是具体的技术窍门集。原版于 1999 年出版的《重构：改善既有代码的设计》[②]一书对重构的动机、具体步骤和示例代码进行了整理，可以说是该领域的经典图书。例如，我们来看一下具有代表性的重构——提炼函数。

[①] 常用的字典中并没有收录"重构"（refactoring）一词。据说这个名称的来源是，将事后对混乱的代码进行整理使其变整洁的作业比作数学的因式分解（factoring），所以命名为 re-factoring。

[②] 具体请参考本章章末的参考书。

> **< 提炼函数的步骤 >**
> ① 创建一个名称合适的新函数。
> ② 将待提炼的逻辑复制到新函数中。
> ③ 为了使提炼的逻辑中用到的局部变量适应新函数，根据需要修改为参数或返回值。
> ④ 进行编译。
> ⑤ 修改原来的函数，来调用新函数。
> ⑥ 编译并测试。

像这样，作业内容写得非常详细。该书中记载了 60 多个改善项目（各个改善项目也被称为重构），其中记述了更加详细的步骤和示例代码。

在进行重构的情况下，为了保证代码的外部规格不发生改变，需要准备测试代码，在重构之前和之后运行一下。另外，即使有大规模的修改，也不要一下子全修改，而是逐步循环进行小的修改，这是窍门。这样就可以将发生错误时的回退控制在最小限度。通过持续进行重构，就可以将程序维持在容易理解的状态，即使不断添加功能或修改规格，代码质量也不会变差。

现在，许多 IDE（Integrated Development Environment，集成开发环境）提供自动重构功能来执行这样的作业。因此，如今越来越多的人认为重构一词是 IDE 的菜单项名称。

在以前，"设计在编码之前进行，之后就不应该修改了""不碰正确运行的代码"等都是常识。重构与这些思想相反，但是人们逐渐意识到，为了在经过很长一段时间后对完成的代码进行修改以便继续使用，这是非常有用的实践。特别是，为了实践分阶段编写软件并发布的敏捷开发方法，这是必需的实践。

11.12　经常进行系统整合的持续集成

持续集成译自 Continuous Integration，简称 CI。

在敏捷开发中，由于会以两周或一个月这样较短的时间单位频繁进行发布，所以代码需要保持随时可以交付的状态。另外，由于在整个工程期间会一直对代码进行修改，所以在之后造成缺陷的情况下，也需要能够立刻发现问题。

持续集成就是一种在将代码保持在随时能够交付的状态的同时维持代码质量的结构。准备一个名为 CI 服务器的专用机器环境，使用工具每隔几小时就自动执行一次从编译、构建到单元测试这一连串作业。

在不执行持续集成的情况下，模块的整合经常会成为大问题。即使各个成员分别负责的模块在自己的开发环境下能够正确运行，一旦整合到一起，也会因为接口不一致或运行环境不同而出现构建失败或异常结束等问题。最终，有时甚至要花费几天或者几周的时间才能够开始进行集成测试和系统测试。

持续集成能够防止发生这种情况。通过经常进行构建和测试，即使开发小组的某个成员造成了缺陷，我们也能够立刻发现问题并进行处理。

另外，该实践还能够提高成员的质量意识。如果提交错误的代码，导致构建和测试失败，就会给整个团队造成麻烦，因此，各个成员都会努力使构建和测试可以通过。以较短的周期进行构建和测试，也有助于养成 TDD 或重构推荐的以较小的步骤进行开发和改善代码的习惯。

11.13　实践敏捷宣言理念的方法

用于顺利推进敏捷开发的三种实践如表 11-1 所示，它们都重视软件开发中最重要的成果——程序的品质保证和改善。

表 11-1　用于顺利推进敏捷开发的具有代表性的实践

实　　践	内　　容
测试驱动开发（TDD）	先编写测试代码，再编写主体代码
重构	安全地改善已完成的程序的内部结构
持续集成（CI）	定期自动执行编译、构建和单元测试

可以说它们都是用于具体实践敏捷软件开发宣言中"工作的软件高于详尽的文档"这一理念的方法。

11.14　敏捷开发源于面向对象

读到这里，可能有的读者会有疑问："迭代式开发流程和敏捷开发实践与面向对象有什么关系呢？"

从结论来说，它们并无直接关系。迭代式开发流程和敏捷开发实践与面向对象的概念并无特别关系，也不是以类、多态和继承等编程语言的结构为前提的技术。

尽管如此，XP、重构和 TDD 通常都被认为是面向对象的一部分。这有两个原因：一是技术十分吻合，二是涉及的人员相同。下面我们来依次介绍一下。

第一个原因是迭代式开发流程和敏捷开发实践与面向对象十分吻合。

在开发环境比较落后的时代，软件的修改成本很高，因此，为了按期完成系统，在早期阶段就确定需求是十分重要的。而现在，随着以面向对象为代表的开发技术的发展、开发工具的完善和机器性能的提高等，编码和测试的生产率比以往有了很大提高。迭代式开发流程，尤其是以编码为中心的 XP 等，可以说让这些开发技术和硬件的进步成为可能。

特别是 TDD 和重构都深受 OOP 的恩惠。TDD 中使用的 xUnit 单元测试框架[①]就是运用 OOP 结构编写的，重构的许多技术也都灵活运用了方法、实例变量和继承等 OOP 结构和设计模式。

第二个原因是提倡并推进迭代式开发流程和实践的人基本上与面向对象有很深的关系。提倡并推进 XP、TDD 和重构等的许多技术人员是 Smalltalk、Java 的杰出程序员，对设计模式和建模也做出了很大贡献。参与制定敏捷软件开发宣言的许多技术人员也都从事面向对象的研究和实践。

虽然迭代式开发流程和敏捷开发实践与面向对象并无直接关系，但实际上有着很深的关联。敏捷开发和 TDD 可以说都源于面向对象。

11.15　不存在最好的开发流程

本章从传统的瀑布式开发流程介绍到近年来备受关注的敏捷开发方法，但是很遗憾，并不存在最好的开发流程。

前面我们介绍过，瀑布式开发流程存在在早期阶段确定需求比较困难，以及技术风险被发现得比较晚的问题。

如果能够恰当地应用敏捷开发，就能提高各个成员的干劲，快速编写出可运行的软件。但由于敏捷开发不是在最开始就确定开发范围，所以本质上并不适合软件开发的一般合同形式——一揽子合同。

像这样，在任何情况下都适用的万能开发流程是不存在的。因此，在实际的软件开发中，我们需要参考这些开发流程，考虑并实践适合具体工程情况的推进方法。说到底，开发流程只不过为软件开发提供了一些启发而已。

本质上，软件开发是人们共同进行的脑力工作。

虽然确定这一脑力工作的推进方式和成果形式很重要，但是并非仅此就会一切顺利。在实际工程中，负责人如何带动成员，成员如何以整个小组的成功为目标而行动等，这些开发流程中无法表示的人的因素也很重要。

---

① xUnit 是各种语言的单元测试框架的总称，Java 中是 JUnit，.NET 中是 NUnit，Ruby 中是 RubyUnit。

　　今后，随着技术的进步，为了熟练运用该技术，也会有相应的开发流程被提出。另外，简单的工作会不断被交给计算机来做。尽管如此，模糊的、无法形成具体步骤的脑力工作最后应该还是会留下来。正因为如此，软件开发才是一项有趣的工作。

深入学习的参考书

[1] Kent beck, Cynthia Andres. 解析极限编程：拥抱变化 [M]. 雷剑文，李应樵，陈振冲，译 . 北京：机械工业出版社，2011.

该书是 XP 的经典著作，可以说是 "XP 宣言"。作者重点介绍了 XP 的价值、原则和实践。

[2] 西村直人，永赖美慧，吉羽龙 . SCRUM BOOT CAMP THE BOOK（增補改訂版）－スクラムチームではじめるアジャイル開発 [M]. 东京：翔泳社，2020.

该书基于虚构的事例，具体讲解了 Scrum 的项目推进方法。书中采用了漫画的形式，使得讲解更加通俗易懂，同时融入了各位作者的经验，内容极具实践意义。拥有 Scrum 系统开发经验的人也可以从该书中学到更多知识。

[3] Kent Beck. 测试驱动开发 [M]. 孙平平，张小龙，赵辉等，译. 北京：中国电力出版社，2004.

☆☆

该书讲解了测试驱动开发（TDD）的实际推进方法。该书以 Java 的 Money 对象和 Python 的 xUnit 为例，具体介绍了 TDD 的步骤和思想。

[4] Martin Fowler. 重构：改善既有代码的设计（第 2 版）[M]. 熊节，林从羽，译 . 北京：人民邮电出版社，2019.

该书总结了对已完成的程序设计进行修改并改善其结构的技术窍门，可以帮助读者掌握面向对象设计的技巧，以提高程序可维护性和可重用性。对从事设计和编程相关工作的技术人员来说，这可以说是一本必读书。

[5] Paul M. Duvall，Steve Matyas，Andrew Glover. 持续集成：软件质量改进和风险降低之道 [M]. 王海鹏，贾立群，译. 北京：机械工业出版社，2008.

☆☆

该书全面介绍了持续集成（CI）。除了 CI 的价值、CI 的原则和实践、构建和测试之外，还详细讲解了 CI 中应该包含的元素（数据库、各种测试、代码的质量评价及部署等）。

编程往事

过去不被允许的 XP

如果 XP（极限编程）出现在笔者年轻的时候，一定会被认为荒诞无稽，无人使用。

这是因为当时的开发环境太落后了，根本无法实践 XP。说到当时的开发环境，通常都是几十名甚至几百名开发人员共用一台大型机，进行编译和测试作业。

因此，采用 COBOL 或汇编语言编写的一个程序编译起来通常要花费几十秒到几分钟，花一晚上来构建整个应用程序也是常有的事。

也就是说，每当程序员按下执行编译的"发送"按钮，就必须在终端前静待几十秒。当开发到深夜时，在编译自己写的程序期间，都可以打个盹儿。

* * *

对比当时的情况，可以实践 XP 的现在真是轻松多了。换个角度来说，正是因为出现了使用方便的编译器和调试器等高级功能，具备了人手

一台能够轻松运行这些功能的高性能计算机的开发环境，XP 等开发流程才成为现实。

关于在当时的开发环境中没有可行性的 XP 实践，大家首先想到的应该是重构吧。重构是对已经完成的程序的结构进行改善的技术。即使是简单的修改，为了防止出错，也要一点一点地修改代码，并且每次都进行编译和单元测试。

而如果在当时的开发环境中这么做，现在 10 分钟就能结束的工作都要花费 1 小时还要多。

另外，不碰已经测试结束并发布的程序是当时的铁则。这不仅是因为编译和测试比较耗时，还因为对于使用汇编语言编写的程序来说，一点修改错误都会导致程序失控。因此，如果因内部结构不完美等而修改正确运行的程序，甚至会感到良心不安。

结对编程也是不现实的。由于当时大型机的终端非常昂贵，通常由多

人共享一台开发终端，所以，在重要的终端资源前坐太长时间是不被允许的。

正是因为这样的开发环境，所以尽量不使用计算机进行调试是当时比较推崇的做法。我们也经常被灌输优秀 SE 的做法：在 A3 大小的连续的纸张上打印出来的程序清单上标注红色，在大脑中跟踪逻辑，查找缺陷，将使用机器的时间控制在最短。

两个人一整天都占着终端，一边吃零食一边编码，或者敲锣打鼓地大肆庆祝，这种如今人们已经习以为常的 XP 实践在当时一定会引起轩然大波。当事人一定会被辞退，再也别想回来了。

第12章

熟练掌握面向对象

在阅读正文之前，请挑战一下下面的问题来热热身吧。

问题

下面哪一项是对面向切面编程（Aspect Oriented Programming，AOP）的正确描述？

A. 以自顶向下的观点，将整个系统的功能按阶段进行分割、细化，最终导出程序结构的开发方法

B. 业务应用程序的规格反映在数据结构上，以数据结构的分析和设计为中心来构建系统的开发方法

C. 通过对分散在程序各个部分上的横切功能进行汇总来提高软件灵活性的方法

D. 作为以用户代理为中心自律地活动的智能集合来编写软件的方法

235

答案

C. 通过对分散在程序各个部分上的横切功能进行汇总来提高软件灵活性的方法

解 析

面向切面作为面向对象的下一个趋势，曾受到诸多关注。

诸如日志记录和事务控制，有一些共同的处理对应用程序各个部分都起作用，在面向切面中，这种处理被称为横切关注点（crosscutting concerns）。

在使用 OOP 等如今广泛普及的编程语言的情况下，相当于这种横切关注点的逻辑分散在程序各处。面向切面编程通过将这种处理作为切面（aspect）分离出来，并为其编写独立的逻辑，从而提高软件灵活性。

另外，其他选项所对应的技术如下所示。

A. 结构化分析与设计方法
B. 数据中心解决方案
D. 面向代理

本章将对面向对象进行一个简短的总结。

我们将再次复习一下面向对象的全貌，确认这是让软件开发变轻松的综合技术。面向对象是在软件开发技术的改良和研究过程中必然出现的，不会仅流行一时。即使今后作为下一代技术而受到关注的面向切面和面向代理等普及了，它们也都是面向对象的延伸。

面向对象除了能在实际工作中发挥作用之外，还会刺激人们的求知欲，是一门非常有趣的技术。因此，大家一定要熟练掌握面向对象，充分享受软件开发的乐趣。

12.1　面向对象这一强大概念是原动力

到目前为止，我们已经介绍了从 OOP 到可重用构件群、设计模式、UML、建模、设计和开发流程等面向对象结构中包含的各项技术。这些技术都很深奥，覆盖了软件开发的重要部分，关于这一点，大家应该都感受到了。

同时，我们还提到了面向对象并非替代了之前的开发技术，而是之前的优秀技术的延伸。OOP 是结构化语言的发展形式，UML 的用例图、活动图和状态机图采用了过去就在使用的图形表示。设计中的内聚度和耦合度也是在面向对象出现之前就已经被提出的思想，作为归纳整理法的面向对象就是数学中的集合论。另外，虽然本书中没有详细介绍，但是基于 UML 的建模与面向对象之前的结构化分析与设计方法、数据中心解决方案相比，本质上并没有什么变化。

像这样，面向对象的一个特征就是吸收各种技术并不断扩展。

其原动力就是"面向对象"这一强大概念。通过将意为"面向物""以物为中心"的"面向对象"概念赋予优秀的编程语言，其思想得到了大幅扩展，并被应用到软件开发的各个领域。另外，在被应用到开发现场时，面向对象还吸收了之前的技术，逐渐成长为强大的技术。

在这种情况下，用一句话来表示面向对象，那就是"让软件开发变轻松的综合技术"。如今，面向对象成为这样一门技术，正是其目标范围大幅扩展的结果。

12.2　时代追上了面向对象

尽管面向对象是一门非常优秀的技术，但它也是在出现之后很久才开始渗入软件开发现场的。Java 出现于 1995 年，在 2000 年之后才真正作为企业基础系统的开发语言开始普及。同样，Ruby、PHP 和 Python 等语言的真正普及也是在 2000 年之后。

不过，最初的面向对象编程语言 Simula 67 出现于 1967 年，说起来已经被埋没了近 30 年，得益于 Java 的出现，Simula 67 终于重见天日了。

为什么会这么晚呢？用一句话来形容这一情况，那就是"时代追上了面向对象"。

在 1967 年的时候，计算机是一般人很难拥有的非常昂贵的机器。之后虽然硬件性能每年都有显著提高，但是直到 20 世纪 90 年代，像 Java 那样采用中间代码方式[①]的运行环境高效运行、具备 GUI 的高性能开发环境高速运转的硬件才开始普及。

在这期间，在软件开发技术领域，高级语言得以普及，结构化编程被提出，各种设计技巧和图形表示也应运而生。在面向对象领域，类库和框架等大规模可重用构件群、作为固定的设计思想的设计模式，以及作为 UML 前身的图形表示等纷纷被提出，并不断改善。这些技术在 20 世纪 90 年代中期之前悄无声息地进行了大幅进化，以 1995 年 Java 的出现为契机，很多技术一下子普及开来。

不过，面向对象编程语言的基本功能与 1967 年出现时相比并未发生改

---

① 中间代码方式是指在编译阶段将代码转换为不依赖于运行环境的中间代码，并将其在虚拟机上运行的方式。详细介绍请参照第 5 章。

变。虽然出现得很早,但是经过长期沉寂后才终于迎来绽放,正可谓"时代追上了面向对象"。

12.3 面向对象的热潮不会结束

如今,面向对象已成为软件开发领域不可或缺的技术,这种现状会持续到什么时候呢?毕竟在软件领域,新技术时而出现时而消失也是常有的事。

不过,面向对象不会掀起一阵热潮后就凄凉收场,今后 10 年仍会继续占据主导地位。

虽然应用面向对象的产品和技术就像雨后春笋一样不断涌现,但面向对象的根本内容在过去 20 多年基本上没有什么变化。编程语言的结构由 1967 年的 Simula 67 和 20 世纪 70 年代的 Smalltalk 确立,类库和框架等大规模软件构件群在 20 世纪 80 年代出现,设计模式和作为 UML 前身的图形表示在 20 世纪 90 年代初出现。如今的面向对象只不过是对它们进行了提炼和普及而已。今后即使这些技术再进行扩展,其基本结构也不会发生较大改变。

面向对象之后出现的面向切面、面向代理和面向服务等技术也曾受到过人们的关注。

面向切面通过将分散在程序各个部分的共同处理(称为横切关注点)分离出来,从而进一步提高了软件的灵活性。现在已经有了几种实现,但其使用范围有限。

对象作为被动的存在,只有在接收到外部消息时才开始工作,而**面向代理**则打破了这一限制,以能动地进行活动的代理为中心编写软件。不过,"自律的代理"这一概念还未得到具体实现。

面向服务(Service-Oriented Architecture,SOA)将复杂、庞大的系统变为独立性较高的子系统的松散耦合结构,这一概念非常吸引人,受到了很多关注。不过,由于具体的实现技术只有 Web 服务和企业服务总线(Enterprise Service Bus,ESB),所以面向服务没有得到广泛普及。

即使超过面向对象的下一代技术普及了，那么它可能也是面向对象的延伸，或者会与面向对象共存。因此，学习面向对象一定不会白学。

也就是说，面向对象是 10 年后仍然通用的技术。在斗转星移的软件领域，这么稳定的技术可以说是一个奇迹。

12.4　将面向对象作为工具熟练掌握

到这里为止，本书以轻松的口吻介绍了面向对象技术。而只阅读本书还不够，大家一定要亲自动手试一试。

为了充分理解类、多态和继承等结构，大家最好使用 Java 或 Python 等进行编程，并试着运行一下。关于 UML，最开始不必记住所有的图形，大家可以先使用类图来帮助理解既有的程序，然后再逐步深入。

面向对象是可以立马使用的实用技术。如果大家自己动手去使用，就会发现各项技术其实并没有那么难。

另外，以笔者的经验来看，在使用面向对象技术时，应该注意使用面向对象本身不是我们的目的。

我们在第 4 章最后提到了"决心决定 OOP 的生死"，这并不是仅针对编程来说的，设计模式、UML、建模和敏捷开发方法等都是用于轻松编写高质量软件的工具，但仅使用这些技术，并不一定能提高软件的可维护性和可重用性。我们的目的是编写出质量高、可维护性强、易于重用的软件，这一点很重要。

另外，这些技术也都非常有趣，大家在了解之后可能就会想方设法地去使用，但是，如果在不合适的地方使用了设计模式，或者使用 UML 绘制了大量无用的图形，反而会导致系统难以理解和维护，这样就本末倒置了。特别是在评审设计和代码时，如果反复出现"这好像不是面向对象的设计"的发言，那就需要注意了。这样的话，面向对象就不再是工具，而成了目的。在这种情况下，大家一定要再次确认一下本来的目的是什么。

12.5　享受需要动脑的软件开发

软件开发是一项需要动脑的有趣的工作。

从零开始编写程序后，立即将其在计算机上运行并确认结果，这真的是乐趣无穷。在和团队成员一起展开工作的情况下，系统完工时的集体荣誉感也很有魅力。

面向对象就是让这种软件开发工作更加有趣的技术。使用类、多态和继承的编程可以给人带来愉悦感，设计模式会让人产生解谜一样的乐趣。建模是一项从无到有一边画 UML 图一边整理需求的工作，有着类似于作曲或者绘画的创造性。通过实践敏捷开发方法，团队也变得活跃起来。

到这里，面向对象的学习旅程就要结束了。很多人说面向对象很难，但事实绝不是这样。面向对象是让我们更轻松地进行软件开发的工具，是凝聚了前人智慧的技术窍门集。

另外，面向对象不仅方便，还会刺激人们的好奇心，是一门非常有趣的技术。熟练掌握该技术之后，需要开动脑筋的软件开发就会变得更加轻松。如果本书能够给大家提供哪怕一丁点帮助，笔者也会非常开心。

深入学习的参考书

这里为大家介绍一些有助于实际动手学习面向对象的参考书籍。

[1] 牛尾刚. オブジェクト脳のつくり方——Java・UML・EJB をマスターするための究極の基礎講座 [M]. 东京：翔泳社，2003.

☆☆

为了快速掌握面向对象，相比在最开始就学习大量理论，在动手实践的过程中逐渐培养感觉更加重要。为了帮助读者切身体验多态结构，书中进行了"总经理命令，起立！"式的演练。该书以新颖的视角介绍面向对象，是应该常备身边的一本书。

[2] Kathy Sierra，Bert Bates. Head First Java (中文版) [M]. 杨尊一，译. 北京：中国电力出版社，2007.

☆☆

可以说这本书是上面的图书 [1] 的海外版。除了 OOP 的基本结构之外，该书还全面涵盖了异常、垃圾回收、Swing、文件处理、线程、泛型和 RMI 等 Java 结构的规范。除该书之外，Head First 系列还出版了许多相关图书，由此也可以看出，欧美人也在认真地学习面向对象等技术。

附章

函数式语言是怎样工作的

热身问答

在阅读正文之前，请挑战一下下面的问题来热热身吧。

问题 ....

下面哪几项是纯函数式语言 Haskell 不支持的结构（多选）？

A. 定义返回值是 void 型的函数

B. 使用 return 语句从函数返回

C. 改写局部变量

D. 使用 for 语句进行循环处理

答案

A. 定义返回值是 void 型的函数

B. 使用 return 语句从函数返回

C. 改写局部变量

D. 使用 for 语句进行循环处理

解析

函数式语言的结构与被称为"命令式语言"的传统编程语言有很大不同，特别是作为函数式语言中的纯函数式语言的 Haskell 不支持 A~D 的结构。

首先，Haskell 不能定义返回值为 void 型的函数，这是因为它的一个原则是函数必须有返回值。另外，由于函数的返回值最后将转化为求值表达式，所以并不存在显式的 return 语句。不管是局部变量还是全局变量，变量的内容都不可以修改。循环处理使用模式匹配和递归，因此 Haskell 并不提供 for 语句或者 while 语句等基本语法。

本章
重点

本章将为大家介绍函数式语言的基本结构。

最近很多编程语言除了面向对象之外，还支持函数式语言的结构。由于函数式语言的基本思想与传统编程语言存在很大不同，所以对熟悉面向对象编程的人来说，函数式语言中的很多结构都难以理解。本章将针对函数式语言特有的结构和术语，使用最简单的示例代码进行说明。不过，因为是编程语言的结构，所以请感兴趣的读者在读完本章之后，一定要下载 Haskell 或者 Scala 等开发环境，实际动手操作一下试试。

⊙ A.1　面向对象编程语言和函数式语言混合占据主流的时代

本书前半部分介绍了面向对象编程。面向对象编程弥补了之前主流的结构化编程的缺点。

支持结构化编程或面向对象编程的语言有很多，虽然各种语言的语法和细节结构不同，但基本思想存在共同之处，那就是结构化编程语言不使用 GOTO 语句，变量的作用域受限；面向对象编程语言拥有类、多态和继承等结构。这些共同的思想被称为**编程范式**（paradigm）。

Python、JavaScript、C# 和 Ruby 等比较新的编程语言除了支持结构化编程和面向对象编程之外，还支持第三种编程范式——**函数式编程**（functional programming）[①]。自 2014 年发布的 Java 8 开始，Java 中引入了函数式编程的结构。因此，为了熟练使用这些编程语言，我们除了理解面向对象编程之外，还要理解函数式编程的结构。

本章将介绍支持函数式编程的函数式语言的功能。

---

① 支持多个范式的编程语言称为多范式语言。

A.2　函数式语言的 7 个特征

下面我们来介绍一下函数式语言的结构。

虽然统称为函数式语言，但其实存在各种语言，它们的具体结构和语法都各不相同。为了介绍函数式语言与传统语言的不同，这里将以仅具有函数式语言性质的编程语言——**纯函数式语言**[①]为例，对其 7 个常见特征依次进行说明。

特征 1：使用函数编写程序
特征 2：所有表达式都返回值
特征 3：将函数作为值进行处理
特征 4：可以灵活组合函数和参数
特征 5：没有副作用
特征 6：使用模式匹配和递归来编写循环处理
特征 7：编译器自动进行类型推断[②]

虽然示例代码使用的是 Haskell 和 Java，但之后的讲解都是函数式语言的一般性质。另外，为了增强可读性，我们将最低限度地使用代码进行介绍。

A.3　特征 1：使用函数编写程序

如果用一句话来表示函数式语言，那就是"使用函数编写程序的结构"。

Java 和 C# 等面向对象编程语言中使用汇总子程序和变量的类来编写程序，而函数式语言则使用函数来编写程序。

[①]　函数式语言中包含仅具有函数式语言结构的"纯函数式语言"和同时具有传统语言结构的"非纯函数式语言"。关于函数式语言的分类，我们将在后文中详细介绍。

[②]　类型推断是静态类型语言中常备的结构。

函数式语言中使用函数来编写程序。

看到这里，有些读者可能会感到不可思议。使用函数进行编程的结构，与面向对象之前的 C 语言是一样的。另外，在面向对象编程中，编写不属于类的独立函数，通常会被认为是不妥当的做法。因此，尽管存在类这一面向对象的优良结构，函数式语言还是由函数承担主要作用，可能确实会让人感到奇怪。

不过，虽说是"函数"，但是在传统编程语言和函数式语言中的定义有很重要的区别。

在传统编程语言中，函数通常指一连串的步骤。在有的编程语言中，将持有返回值的过程称为"函数"，将不持有返回值的过程称为"过程"。而在广泛普及的 C 语言中，不管有没有返回值，都称为"函数"。现在，"函数"一词通常作为子程序或过程的同义词使用。

函数式语言中的函数结构与数学中的函数基本相同。

$$y = f(x)$$

该式的意思是，函数 f 将 x 的值转换为 y 的值。与此相同，函数式语言中的函数也是指将参数中指定的值转换为返回值的结构。因此，函数式语言中的函数必须持有参数和返回值。

函数式语言中的函数必须持有参数和返回值。

函数式语言使用将参数转换为返回值的函数来编写应用程序，因此，其整体结构就变成由一系列函数不断对值进行转换的网络结构（图 A-1）。

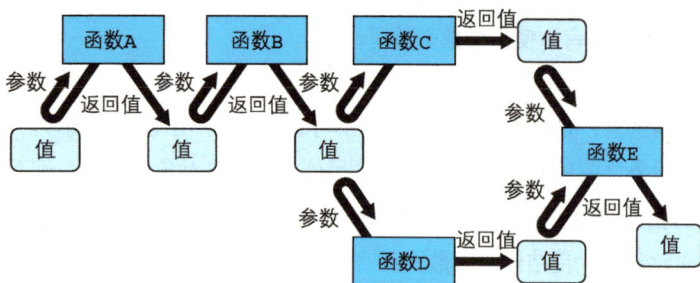

图 A-1　使用函数网络构成应用程序

函数式语言的这一特征还表现在函数调用的表述上。在传统编程语言中，函数调用一般表述为"指定参数调用函数"，而在函数式语言中，则表述为"对参数应用函数"。这反映了函数式语言中的函数纯粹是将参数转换为返回值的结构。

> 在函数式语言中，函数调用表述为"对参数应用函数"。

A.4　特征 2：所有表达式都返回值

在传统编程语言和函数式语言中，程序的基本构成元素的名称也不一样。前者称为**命令语句**（statement），而后者则称为**表达式**（expression）。下面我们就来介绍一下两者的区别。

正如第 3 章中介绍的那样，编程语言是按照"机器语言→汇编语言→高级语言→结构化语言→面向对象编程语言"的顺序进化的。这基本上是将计算机能够直接运行的机器语言命令替换为人类容易理解的符号和语句，将多个机器语言命令汇总为高级命令的过程。因此，即使是 Java 等面向对象编程语言，其中的各个命令语句也都相当于对机器语言的命令语句进行了抽象。

代码清单 A.1 是 Java 的代码示例，3 行代码分别表示为各个变量分配内存区域（①）、将计算结果存储到内存区域中（②）和调用过程（③），都表现为让计算机执行什么样的处理。

代码清单A.1　命令式语言（Java）中的命令示例

```
①    int amount;              // 声明变量
②    amount = price * count;  // 将计算结果存储到变量中
③    transaction.commit();    // 调用过程
```

这种由命令语句构成的编程语言，包括汇编语言、高级语言、结构化语言及面向对象编程语言在内，都称为**命令式语言**[①]。

> 由命令语句构成的编程语言称为命令式语言。

而函数式语言中的情形则稍有不同。在函数式语言中，程序的构成元素是表达式，而非命令语句。我们在前面介绍过，在函数式语言中，函数必须返回返回值。同样，表达式也必须返回值。

在代码清单 A.2 Haskell 代码示例中，④～⑦分别表示函数应用（④）[②]、算术计算（⑤）[③]和数据（⑥⑦），每个表达式都会返回值。也就是说，④是返回函数应用结果的表达式，⑤是返回计算结果的表达式，⑥和⑦分别是返回 7 和 "abc" 的值本身的表达式。请注意，这里的 7 和 "abc" 等数据也是表达式。在函数式语言中，不管是数据还是函数，表达式一定会返回值。

[①] 命令式语言也称为过程式语言。

[②] ④的表达式表示对 a 和 b 这两个参数应用 max 函数。

[③] 实际上，⑤的表达式表示对 x 和 3 这两个参数应用 + 函数。

代码清单A.2 函数式语言(Haskell)中的表达式示例

```
④  max a b
⑤  x + 3
⑥  7
⑦  "abc"
```

在命令式语言和函数式语言中，表示运行程序的术语也不一样。前者表述为**执行**（execute）命令，而后者则与数学术语一样，表述为对表达式进行**求值**（evaluate）。这是因为函数式语言是将数学中的函数和算式表示为程序的语言。

> 函数式语言是由表达式构成的。如果对表达式进行求值，就会返回值。

这种不同可以说是命令式语言和函数式语言的本质区别。在命令式语言中，通过按顺序执行在内存中展开的命令，各个命令读写内存区域中存储的数据来实现程序[①]。而在函数式语言中，则是通过依次对各个表达式进行求值，再对使用所得到的值的其他表达式进行求值，从而实现程序。

在使用命令式语言的情况下，在程序运行时，我们需要十分注意计算机按什么顺序执行命令，各个命令如何读写内存。而在使用函数式语言的情况下，相比计算机的动作，在程序运行时，我们更要注意应用函数时值是怎样转换的。两种语言的不同之处体现在命令式语言是**过程式**的，而函数式语言是**声明式**的。

熟悉 Java 和 C 语言等命令式语言的人在初次阅读使用函数式语言编写的程序时，会有一个困惑，那就是尽管函数必须有返回值，但函数式语言中却没有 return 语句[②]。这是因为，函数式语言必须返回值，所以规定最

---

① 现在实用的计算机的运行原理以发明者冯·诺依曼的姓名命名，称为"诺依曼计算机"。

② 在 Ruby 中，在方法内最终求得的值就是返回值，因此可以省略 return 语句。

后求得的表达式的值就是函数的返回值。

> 函数的返回值就是最后求得的表达式的值。因此，函数式语言中通常并没有 return 语句。

在函数式语言中，不管是函数还是数据，都被作为"返回值的表达式"处理，因此，它们的区别比较模糊。实际上，在许多函数式语言中，将值存储到变量中的语法与函数定义的语法类似。Haskell 的代码示例如代码清单 A.3 所示。

代码清单A.3　Haskell中的变量定义与函数定义的代码示例

```
① value       = 1
② increment x = x + 1
③ increment   = λx -> x + 1
```

最开始的①是将 1 存储到变量 value 中。②中定义了一个参数为 x 的 increment 函数，主体代码为 x + 1[①]。③的表达式是使用 **λ 表达式**（**Lambda 表达式**）的特殊写法来写②的函数定义，λ x -> x + 1 表示一个表达式[②]。像这样，在 Haskell 中，将值存储到变量中与函数定义都使用"="。请特别注意①和③中在名称后面都紧跟着"="。数据存储（①）和函数定义（③）都是将表达式存储到变量中，这一点是相同的。

在 Haskell 中，即使在执行函数的情况下，也会像下面这样不加括号。例如，对参数 8 应用 increment 函数的表达式如代码清单 A.4 所示。

---

① 在②和③中，虽然并未标明变量 x 为数值型，但根据 Haskell 中的类型推断，x 会被作为数值型处理。关于类型推断，我们将在特征 7 中介绍。

② 像代码清单 A.3 中的③的表达式那样，使用字符 λ 写的函数称为 λ 表达式。λ 表达式是 20 世纪 30 年代提出的数学概念，函数式语言就是用 λ 表达式表示的编程语言。使用 λ 表达式，我们可以定义没有名称的函数，即匿名函数。

代码清单A.4　Haskell中的函数应用的代码示例

```
increment 8
```

在 Java 和 C 语言等命令式语言中，通常都在过程调用中加上括号，以在语法上明确区分数据和过程。而在很多函数式语言中，数据和函数的写法是一样的。

这是因为在函数式语言中，虽然函数和数据存在是否需要参数的区别，但是它们都被看作表达式。也就是说，函数是随着参数返回值的表达式，数据是直接返回值的表达式。

> 在函数式语言中，函数和数据都被看作返回值的表达式。

◯ A.5　特征3：将函数作为值进行处理

如前所述，在函数式语言中，函数必须返回值，除此之外，其本身也可以作为值进行处理。也就是说，我们可以将函数本身存储到变量中，或者包含在集合中，还可以将其指定为其他函数的参数或返回值。这种函数称为**头等函数**（first-class function）。

> 在函数式语言中，我们可以将函数作为值进行处理。

函数可以接收其他函数作为参数的结构对编程来说具有十分重要的意义。这是因为在接收函数作为参数的一端可以执行该函数（求值），如图A-2 所示。使用该结构，在整体处理相同的情况下，如果想将一部分处理根据情况进行切换，就可以简洁地编写该处理。

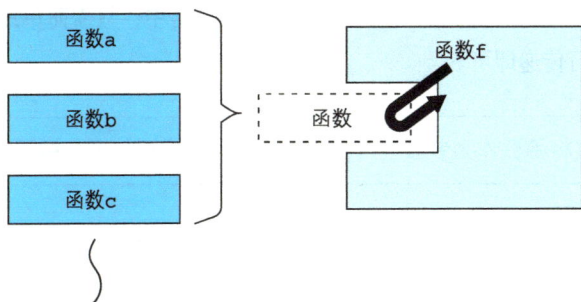

图 A-2　可以执行作为参数接收的函数

也许有人已经注意到了，该结构与第 4 章中介绍的多态具有同样的效果（图 A-3）。函数式语言中可以替换函数，而面向对象编程语言中使用多态可以替换对象。这两种结构都可以替换一部分处理内容，这一目的是相同的。

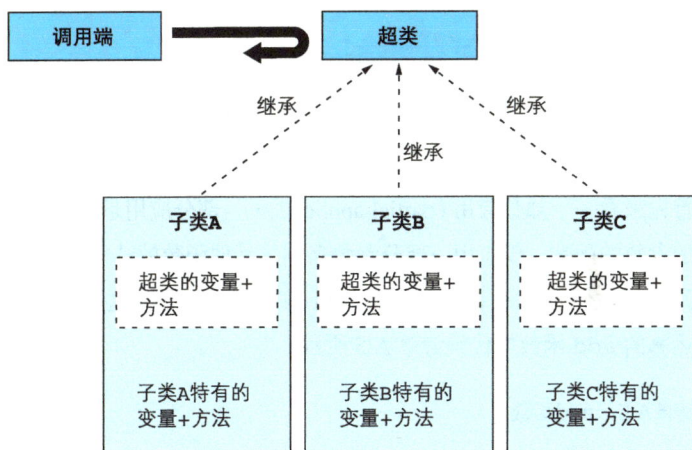

图 A-3　多态

不过，通过对比图 A-2 和图 A-3 可以看出，函数式语言的结构更加简单。面向对象编程语言中的基本构件是类，因此，即使只想替换一个方法，也需要逐个定义超类和子类群。而在函数式语言中，只需简单地将函数作为参数进行传递即可。

> 通过将函数作为参数进行传递，可以轻松实现与多态相同的结构。

在函数式语言中，我们还可以将函数作为返回值进行返回。根据该结构以及后面将要介绍的部分应用和函数组合等，就可以由一个函数生成其他函数。该结构是使用函数式语言创建通用框架和库时的强有力的工具。

像这样，接收函数作为参数，或者将函数作为返回值进行返回的函数，称为**高阶函数**（higher order function）。

> 接收函数作为参数，或者将函数作为返回值进行返回的函数，称为高阶函数。

A.6 特征 4：可以灵活组合函数和参数

在函数式语言中，我们可以灵活组合既有的函数和参数，来创建其他函数。关于这一点，存在部分应用和函数组合两种结构。

首先来看一下**部分应用**（partial application）。部分应用是针对拥有两个以上的参数的函数，仅应用一部分参数来创建其他函数的结构。

我们来举例介绍一下。使用 Haskell 编写的对 x 和 y 这两个参数进行加法运算的 add 函数如代码清单 A.5 所示。

代码清单A.5　add函数

```
add x y = x + y
```

这里简单介绍一下代码。左边的 add 表示函数名，后面紧跟着的 x 和 y 表示该函数接收两个参数。右边的 x + y 是函数的逻辑，表示对参数 x

和 y 进行加法运算。

如果对 2 和 3 应用该函数，则返回 5 代码清单 A.6。

代码清单A.6　add函数的运行结果（之一）

```
add 2 3 ⇨ 5
```

如果像代码清单 A.7 这样，只对一个参数应用 add 函数，结果会怎样呢？

代码清单A.7　只对部分参数应用add函数

```
add 2
```

如果是命令式语言，那么在编译或者运行时，应该会发生"缺少参数"的错误。而在函数式语言的情况下，这并不会发生错误。

运行代码清单 A.7 的表达式，就会返回"仅对第一个参数应用了 add 函数的函数"，写得更详细一点，就是"将 2 赋给函数 add x y 的第一个参数，仅将剩下的 y 作为参数的函数"。如果像代码清单 A.8 这样，只对一个参数应用这里返回函数，就可以得到计算结果。

代码清单A.8　add函数的运行结果（之二）

```
(add 2) 3 ⇨ 5
```

我们再来看一下上面的代码。对于通过仅对一个参数 2 应用 add 函数而得到的函数，在 Haskell 中记为 add 2。如果对参数 3 应用该函数，就会返回计算结果 5。

这里的重点是，如果仅对一个参数应用接收两个参数的 add 函数，结果就会创建 个别的函数来接收剩下的 个参数。同样，即使是接收二个以上的参数的函数，如果只对一部分参数应用它，那么也会创建一个别的函数来接收剩余的参数。该结构仅对一部分参数应用函数,因此称为部分应用。部分应用结构的图形表示如图 A-4 所示。

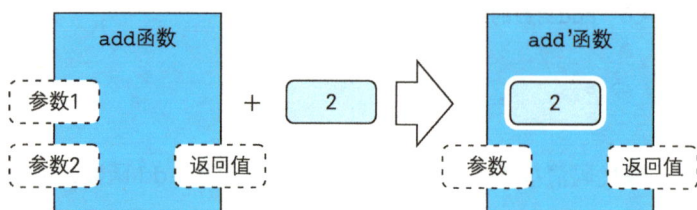

图 A-4 部分应用

> 如果对一个参数应用拥有两个以上的参数的函数,结果就会创建一个拥有剩余参数的其他函数。该结构称为部分应用。

即使是拥有三个以上的参数的函数,如果逐个对其应用函数,就也可以表示为仅接收一个参数的函数。像这样,我们将"接收多个参数的函数"表示为"接收第一个参数,返回'接收第二个及之后的参数的函数'的函数",这称为柯里化[①](图 A-5)。

---

① 柯里化是以 20 世纪的逻辑学家哈斯凯尔·柯里(Haskell Curry)的名字命名的。函数式语言 Haskell 也是以他的名字命名的。

Haskell 中的所有函数都定义为只接收一个参数。不过,在使用单一参数的函数来表示接收多个参数的函数的情况下,需要使用特征 2 中介绍的 λ 表达式,这不便于直观理解。因此,为了表示接收多个参数的函数,Haskell 中提供了语法糖(容易理解的语法)。

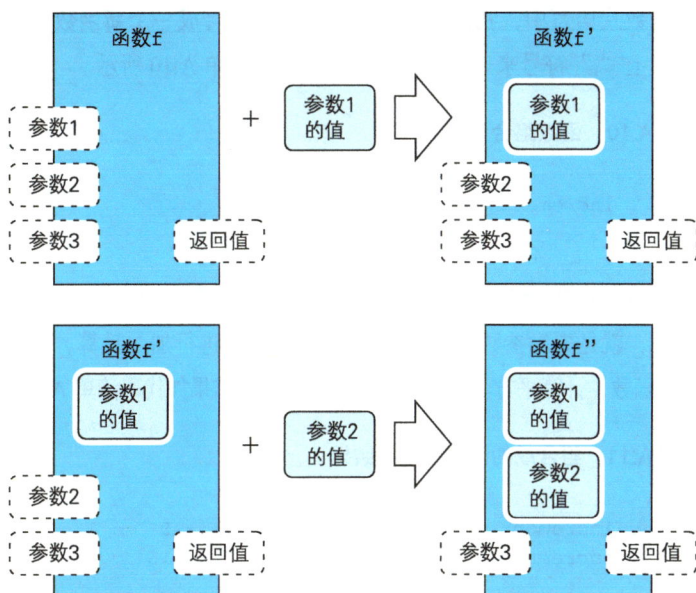

图 A-5　柯里化

> 　　使用只接收一个参数的函数，来依次表示接收多个参数的函数，称为柯里化。

　　接下来，我们介绍一下**函数组合**（function composition）。函数组合是将多个函数进行汇总来创建其他函数的结构。这里通过代码清单 A.9 的简单例子来看一下。代码清单 A.9 中有两个函数，其中 square 函数用来计算参数的平方，increment 函数将参数加 1。

代码清单A.9　square函数和increment函数

```
square x    = x * x
increment x = x + 1
```

在函数式语言中，我们可以将这两个函数组合成一个新函数。Haskell 中通过加上".."符号来表示函数组合，如代码清单 A.10 所示。

代码清单A.10　函数组合

```
square . increment
```

组合成的函数会对参数连续应用 increment 和 square 这两个函数。具体来说，就是先对参数应用 increment 函数，进行加 1 计算，然后应用 square 函数，计算平方。该组合成的函数的运行结果如代码清单 A.11 所示。

代码清单A.11　组合成的函数的运行结果

```
square . increment 2 ⇨ (2 + 1) * (2 + 1) = 9
square . increment 3 ⇨ (3 + 1) * (3 + 1) = 16
```

像这样，将既有的函数汇总成新的函数的结构称为函数组合。函数组合的图形表示如图 A-6 所示[1]。

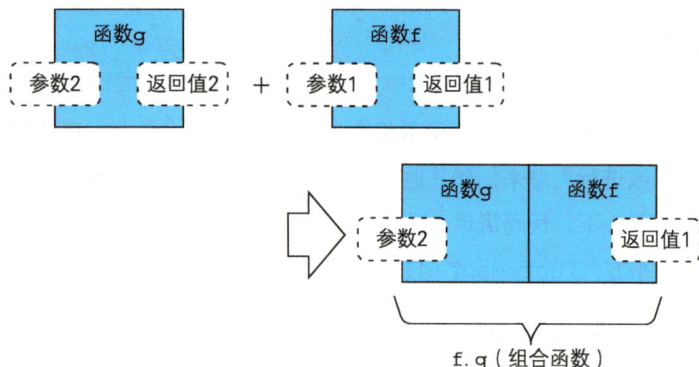

图 A-6　函数组合

[1]　在 Haskell 中，组合成的函数会从右开始依次进行求值。图 A-6 中将参数写在了左边，将返回值写在了右边，因此，先进行求值的函数 g 配置在左边，函数 f 配置在右边。

除了既有的函数之外，函数组合结构还可以对部分应用的函数进行组合。组合成的函数也可以作为其他函数的参数或返回值。像这样，函数式语言中可以灵活组合既有的函数和参数来创建新函数。

> 通过函数组合，可以汇总多个函数来创建其他函数。

A.7　特征 5：没有副作用

第 5 个特征是没有副作用。"副作用"（side effect）一词在日常生活中经常用来表示药物的不良影响，在编程领域并不常见。

在函数式语言中，**副作用**是指"根据参数计算返回值之外的作业"。具体来说，就是修改变量和外部输入 / 输出。因此，所谓"没有副作用的程序"，就是指不修改变量，完全不执行画面、网络、数据库和文件等的外部输入 / 输出的程序。

看到这里，可能有的读者会怀疑到底有没有这样的程序。实际上，基本上所有的程序都会接收来自键盘的输入、在画面上显示信息、读写数据库或者文件。因此，无论哪种函数式语言，都会使用某种方法实现副作用。关于这一点我们暂不讨论，这里先来看一下没有副作用的程序结构。

在纯函数式语言 Haskell 中没有副作用。在纯函数式语言中，不管是全局变量还是局部变量，都不可以修改。在设置一次变量的值之后，就不可以再修改了。这相当于只使用 Java 中的 final 变量、C 语言和 C++ 中的 const 变量来编写程序[①]。

> 在纯函数式语言中，变量的内容不可以修改。

---

① 可能有人会说："既然不能修改内容，为什么还叫变量呢？"这也许是因为最早的函数式语言 Lisp 能够修改变量，之后提出来的纯函数式语言也继续使用了"变量"这个名称。

另外，在函数式语言中，这是最基本的结构，因此，给变量设置值或表达式的操作不叫**替换**（substitution），而称为**绑定**（binding），包含设置之后就不可以改变的含义。我们也可以认为，在函数式语言中，变量不是给存储值的内存区域命名，而是给值或表达式本身命名。

> 在函数式语言中，给变量设置值或表达式的操作称为绑定。

是否存在副作用会对函数的动作造成很大影响。如果以存在副作用为前提，那么全局变量在程序运行过程中就有可能改变。因此，即使参数相同，根据运行时间点的不同，引用全局变量的函数的处理结果也可能会不同[1]。而如果没有副作用，函数引用的变量就一直不会改变，因此，函数的处理结果就仅依赖于参数。也就是说，在没有副作用的情况下，如果参数相同，那么不管求值多少次，函数的返回值一定都是一样的。这种性质称为**引用透明性**（referential transparency）。

> 对于没有副作用的函数而言，如果参数相同，那么返回值也一定相同。我们将这种性质称为引用透明性。

没有副作用能为软件开发和维护带来诸多益处。

首先，测试会变轻松。如果函数的动作只依赖于参数，那么测试用例只考虑参数的各种情况就可以了。另外，在进行测试时，也无须根据测试条件来设置函数引用的变量的状态。

其次，软件也会更加容易理解。正如我们在第 3 章中介绍的那样，面向对象出现之前的编程语言的一个重大课题就是全局变量问题。由于程序的任意位置都可以访问全局变量，所以在发生错误时调查起来会很费事，而且与全局变量相关的规格修改的影响范围会涉及整个程序。而如果变量

---

[1] 在面向对象编程语言中，方法的返回值的内容除了会受到参数的影响，还会受到实例变量和类变量（static 变量）的影响。

内容没有变化，那么对变量进行调查以及确认规格修改的影响也基本不费什么工夫。

最后，没有副作用也易于提高构件的独立性和可重用性。函数仅具有将参数转换为返回值的作用，这样一来就易于创建不依赖于特定情况的通用构件，进而有利于重用。

> 软件没有副作用会便于测试和维护，易于创建可重用的构件。

接下来我们换个话题，介绍一下延迟求值的相关内容。**延迟求值**（lazy evaluation）是程序运行时的结构，该结构不是从头开始依次进行求值，而是在实际需要的时间点对各个表达式进行求值。

下面我们以稍微复杂一点的应用程序处理为例进行说明，这里不再使用 Haskell，而是使用 Java 的示例代码。实际上，Java 并不支持延迟求值，方便起见，我们暂且假定它支持。

代码清单 A.12 是计算实发工资的 getSalary 函数。该函数的第 1 个参数 employee 是员工，第 2 个参数 workHours 是当月的实际出勤时间，该函数会计算包含加班费在内的实发工资。如果是管理层人员，则实发工资为固定工资，而如果是普通员工，则实发工资根据实际出勤时间计算，包含加班费。

代码清单A.12　getSalary函数

```
/**
 * @param employee 员工
 * @param workHours 实际出勤时间
 * @return 实发工资
 */
int getSalary(Employee employee, int workHours) {
    // 当员工为普通员工时，根据实际出勤时间计算加班费，加到固定工资上
    ~
}
```

　　调用 getSalary 函数的代码如代码清单 A.13 所示。传递给第 2 个参数的实际出勤时间是调用别的函数——getWorkHours 函数计算出来的。

代码清单A.13　调用getSalary函数

```
getSalary(employee, getWorkHours(employee));
```

　　根据执行方式是否是延迟求值，该函数的动作也会不同。

　　我们先来介绍一下一般的执行方式 [①]。在一般的执行方式的情况下，在 getSalary 函数执行前会调用 getWorkHours 函数，来计算当月的实际出勤时间（图 A-7 中的左图）。在这种情况下，不管是普通员工，还是管理层人员，都会调用 getWorkHours 函数。

　　反之，在延迟求值方式的情况下，在 getSalary 函数执行前不会对第 2 个参数 getWorkHours 函数进行求值。只有在需要实际出勤时间时，才对 getWorkHours 函数进行求值。在该示例中，仅当需要计算普通员工的加班费时，才会使用实际出勤时间，因此，在计算管理层人员的工资时，并不会执行 getWorkHours 函数（图 A-7 中的右图）。

---

① 　与延迟求值相对的是"预先求值"或"正规求值"。

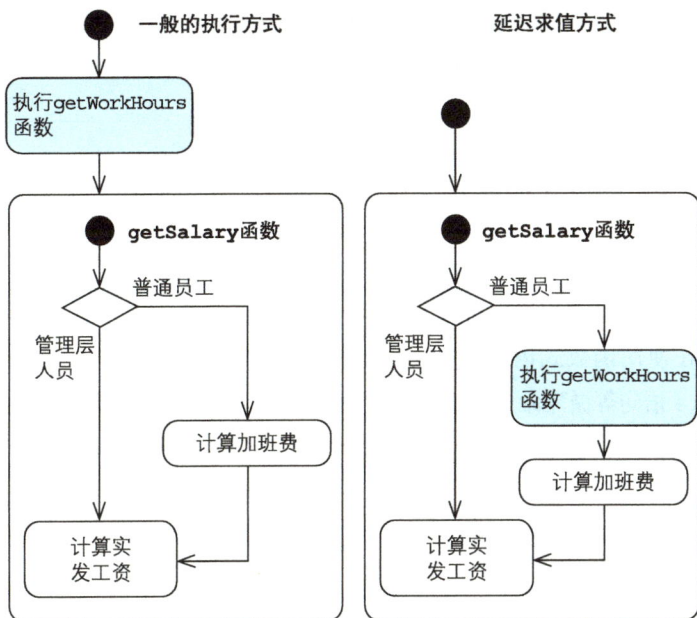

图 A-7 一般的执行方式和延迟求值方式

　　像这样，在延迟求值方式中，并不提前对所有参数进行求值，而是在函数处理过程中需要时才对参数进行求值。如上述例子所示，当根据条件不使用某些参数时，执行效率会更高。

　　延迟求值的对象并不仅限于参数的求值。在根据布尔值进行条件判断时，对于不符合条件的表达式，也不会进行求值。另外，在数据声明中，在实际需要该数据之前，并不会进行内存分配。在许多函数式语言中，利用延迟求值方式的性质，可以定义"1 到 ∞（无穷）"的列表。

在延迟求值方式中，只有在需要时才对函数或表达式进行求值。

　　延迟求值与前面介绍的副作用紧密相关。当没有副作用时，如果参数相同，那么不管什么时候对函数进行求值，都一定会得到相同的结果。这

样一来，不管从什么地方、以什么顺序对程序中的函数或表达式进行求值，整体的结果都一定是相同的，因此，使用延迟求值方式才成为可能。

在没有副作用的情况下，可以实现延迟求值方式。

A.8　特征 6：使用模式匹配和递归来编写循环处理

在使用函数式语言编写程序的情况下，通常不会使用 for 语句和 while 语句等循环命令。其中一个原因是，在没有副作用的纯函数式语言中，有时无法定义控制循环的计数器和判断结束的变量。另外，由于指示计算机执行循环处理的 for 语句和 while 语句，与以"返回值的表达式"为基础的函数式语言不能很好地兼容，所以有时函数式语言并不会提供该语法。

因此，在使用函数式语言编写循环处理的情况下，通常会使用模式匹配和递归。**递归**是在函数中调用该函数本身的结构，C 语言和 Java 等许多命令式语言中也都提供了该结构。模式匹配是函数式语言中特有的结构，因此，下面我们先来介绍一下模式匹配相关的内容。

模式匹配（pattern matching）是根据参数的值来分情况定义函数的结构。我们看一下代码清单 A.14 的 Haskell 的代码示例。

代码清单A.14　使用模式配的函数定义

```
convertTab '\t' = " "    ①
convertTab c    = [c]    ②
```

这里使用模式匹配定义了 convertTab 函数。①处和②处都声明了 convertTab 函数，这是因为根据函数的值而分了不同情况。

①中定义了参数值为 '\t' 字符（制表符）时的处理。这里将制表符转换为半角空格。

②中定义了参数值不为 '\t' 字符（制表符）时的处理[①]。这里并未对参数的字符进行特殊处理，只是将其转换为了字符串型[②]。

该 convertTab 函数的规格说明如表 A-1 所示。

表 A-1　convertTab 函数的规格说明

	参数的值	处　　理
①	'\t' 的情况下	将制表符转换为半角空格
②	其他情况下	将输入的字符直接转换为字符串型

像这样，在函数式语言中，我们可以根据参数的值对函数的逻辑分情况进行定义。使用模式匹配，可以通过函数声明明确指定与不同参数值相应的处理，而不必使用 if 语句和 case 语句。这样一来，逻辑就会变简单，也易于将分情况的条件传达给阅读代码的人。用 Java 重写前面的代码，如代码清单 A.15 所示。

代码清单A.15　Java中相当于模式匹配的逻辑定义

```
String convertTab(char c) {
    if (c == '\t')) {
        return " ";
    } else {
        return String.valueOf(c);
    }
}
```

我们将其与代码清单 A.14 中的 Haskell 代码比较一下。可以发现，与

---

① 使用模式匹配定义的多个函数被从头开始依次进行检查。在代码清单 A.14 中，①处定义了参数为制表符时的情况。②处的参数 c 表示变量，定义了参数不为制表符时的情况。

② 在 Haskell 中，[] 是列表（集合）的意思，字符列表就是字符串。而根据类型推断，②处的代码对字符以外的参数也可以正常运行。如果想将参数限制为字符型（char），则需要明确指定 convertTab 函数的类型为 Char -> String。

使用 if 语句的 Java 代码相比，使用模式匹配的 Haskell 代码能够更加简洁明了地表示处理内容。

该模式匹配结构也可以认为是对编程语言提供的函数定义进行了精妙的处理。不过，该结构是函数式语言所特有的，命令式语言基本上不提供。这是因为，命令式语言是以机器语言的命令的抽象化为基础的，一个函数（或者方法）的定义对应于在内存中的特定位置展开的一连串代码。

> 通过模式匹配，可以明确表示根据参数值进行分情况处理。

在介绍完模式匹配之后，我们接着来介绍一下循环处理。正如本节开头所说的那样，在使用函数式语言的情况下，通常都使用模式匹配和递归来编写**循环处理**。

我们以计算自然数 n 的阶乘的 factorial 函数为例进行说明[①]。所谓阶乘，是指从 1 到 n 为止的所有数相乘。阶乘一般使用 "!" 符号表示，例如，1 到 4 的阶乘的计算结果如下所示。

1! = 1
2! = 2 × 1 = 2
3! = 3 × 2 × 1 = 6
4! = 4 × 3 × 2 × 1 = 24

在使用传统的命令式语言来编写计算阶乘的程序时，通常都会使用循环处理。例如，使用 Java 编写的代码如代码清单 A.16 所示。

代码清单A.16　使用Java编写的factorial函数

```
int factorial(int n) {
  int result = 1;     // 保存计算结果的变量
  for (int i=n; i>0; i--) {
```

---

① 这里将自然数定义为 "（不包含 0 的）大于等于 1 的整数"。

```
    result = result * i;
  }
  return result;
}
```

而如果使用 Haskell 编写计算阶乘的函数，则代码如代码清单 A.17 所示。

代码清单A.17 使用Haskell编写的计算阶乘的函数

```
factorial 1 = 1                         ①
factorial n = n * factorial (n - 1)     ②
```

我们来介绍一下该代码。这里也使用模式匹配，分两种情况进行了函数定义。

①是参数为 1 时的逻辑。1 的阶乘为 1，所以结果只是返回 1。

②是除 1 之外的自然数的逻辑[1]。这里我们来看一下右边的 n * factorial (n - 1)。factorial (n - 1) 是"$(n-1)$ 的阶乘"的意思，如果参数为 4，那么②的表达式右边就是"4 × 3!"。另外，在计算"3!"时，根据递归处理，会再次执行 factorial 函数，即"3 × 2!"，同样地，接下来是"2 × 1!"。最后，当参数为 1 时，再次执行 factorial 函数，根据模式匹配，应用①，结果返回 1。将这一连串的处理依次写下来，如下所示。

4! = 4 × 3!   ← 应用②

3! = 3 × 2!   ← 应用②

2! = 2 × 1!   ← 应用②

1! = 1   ← 应用①

---

[1] 代码清单 A.17 中并未考虑参数小于等于 0 的情况。如果考虑参数小于等于 0 的情况，就需要使用保护或者 case 表达式来添加判断逻辑。

即：

$$4! = 4 \times (3 \times (2 \times (1))) = 24$$

像这样，在函数式语言中，我们可以使用模式匹配和递归来编写循环处理。基本形式与代码清单 A.17 一样，使用模式匹配来分情况定义结束条件和循环条件，循环条件中使用递归来调用该函数本身。

我们将代码清单 A.17 的 `factorial` 函数的处理内容汇总在表 A-2 中。

表 A-2　factorial 函数的处理

	参数的值	处　　理
①	1 的情况下	返回 1
②	n 的情况下	返回 $n \times ((n-1)$ 的阶乘)

我们再来看一下表 A-2 和代码清单 A.17。可以发现，表 A-2 中简洁地表示了计算自然数阶乘的方法，并直接表示为代码清单 A.17 的代码。像这样，使用模式匹配和递归，相比命令式语言的循环处理，可以更加简洁明了地编写逻辑。

这种使用模式匹配和递归进行的编程，与命令式语言中使用循环处理进行的编程有着很大的不同。这一结构要求具有与传统不同的思想，最终能够简洁明了地完成程序，可以说是函数式语言的巨大魅力。

> 使用模式匹配和递归，可以简洁明了地编写循环处理。

A.9　特征 7：编译器自动进行类型推断

下面我们来介绍函数式语言的最后一个特征——**类型推断**（type inference）。这一特征并不是所有函数式语言都具备，而是静态类型语言所特有的。

我们在第 4 章中介绍过，编程语言分为静态类型方式和动态类型方式两种。在**静态类型方式**的情况下，在源代码中强制声明变量的类型，在编译阶段检查错误。而在**动态类型方式**的情况下，并不会显式声明变量的类型，而是在运行时判断类型，这样有助于编写更加灵活的程序。前者安全性更高，后者灵活性更强，而类型推断结构则吸取了这两种方式的优点。

在介绍类型推断之前，我们先来介绍一下函数的类型。在函数式语言中，函数可以作为值进行处理，因此，函数本身也拥有类型。函数的类型被称为**函数类型**，使用参数和返回值的类型来表示。例如，使用 Haskell 编写的从整数（Int）转换为字符串（String）的函数就表示为"Int -> String"类型[①]。

> 在函数式语言中，函数本身也拥有类型。函数类型用参数和返回值的类型来表示。

接下来，我们开始介绍类型推断。**类型推断**是一种即使不声明变量和函数的类型，编译器也能够自动判断类型的结构。

我们来看一下代码清单 A.18 所示的 Haskell 的代码示例。

代码清单A.18　用Haskell编写的increment函数的定义

```
increment x = x + 1
```

这里定义了 increment 函数。左边的 increment 是函数名，x 是参数名，右边的"x + 1"表示逻辑。这里并未声明参数 x 和返回值的类型，但如果编写执行该函数的代码，结果就像下面这样，编译器会准确判断参数的类型（代码清单 A.19）。

代码清单A.19　increment函数的应用

```
increment 3     ⇨ 编译通过    ①
increment "abc" ⇨ 编译错误!    ②
```

---

① 在 Haskell 中，对于接收多个参数的函数类型，通常会列举所有参数和返回值的类型，像"String -> Int -> String"这样来表示。这是因为接收多个参数的函数通过柯里化可以由接收单个参数的函数构成。

①中对数值 3 应用 increment 函数，因此会正常通过编译。而②中对字符串 "abc" 应用该函数，结果发生了编译错误。

这是因为，Haskell 编译器会自动将参数 x 判断为数值型。

代码清单 A.18 的代码非常短，让人毫无头绪。这段代码到底是如何判断 x 的类型的呢？

一个线索就是对参数 x 进行的 "+ 1" 运算①。Haskell 编译器由此判断 x 是数值型，而不是字符串型和布尔型。原因就是，Haskell 中使用 "+" 进行加法运算的对象只有数值型的数据。

这种结构就是类型推断。在支持类型推断的语言中，如果可以从其他部分推测数据或函数的类型，那么代码中就无须显式声明类型。

> 　在具有类型推断结构的语言中，编译器会自动推测数据和函数的类型。

为了编写灵活的程序，支持类型推断的很多函数式语言还提供了更加优秀的结构，那就是**多态**。在这里，多态被用来创建可以应用于非特定多数的类型的通用函数②。下面，我们来介绍一下该结构。

在定义具有多态的函数的情况下，参数和返回值的类型并不指定为数值型、字符型或布尔型等具体的类型，而是指定为被称为**类型变量**的虚拟类型。使用类型变量定义的类型称为**多态类型**。例如，Haskell 提供的从列表中取出第一个元素的 head 函数的类型的定义如代码清单 A.20 所示。

代码清单A.20　使用了类型变量的类型定义

```
[a] -> a
```

---

① 实际上，"+"（加号）并不是 Haskell 语言中的运算符，而是表示函数名。

② 具体地说，这里的 "多态" 相当于被称为 "参数多态"（parametric polymorphism）的结构。Java 和 C# 中通过泛型（generics）来支持该结构。

上面的 a 是类型变量[①]。[] 表示用于存储元素的数据结构——列表。列表是一种类似于能够在内部存储多个值的数组的结构，基本上所有的函数式语言都支持列表[②]。

该 head 函数只是简单地从列表中取出开头的第一个元素。该函数具有多态，因此会根据参数动态决定返回值的类型，如果参数为数值型的列表，则返回数值型；如果参数为字符串型的列表，则返回字符串型（图 A-8）。

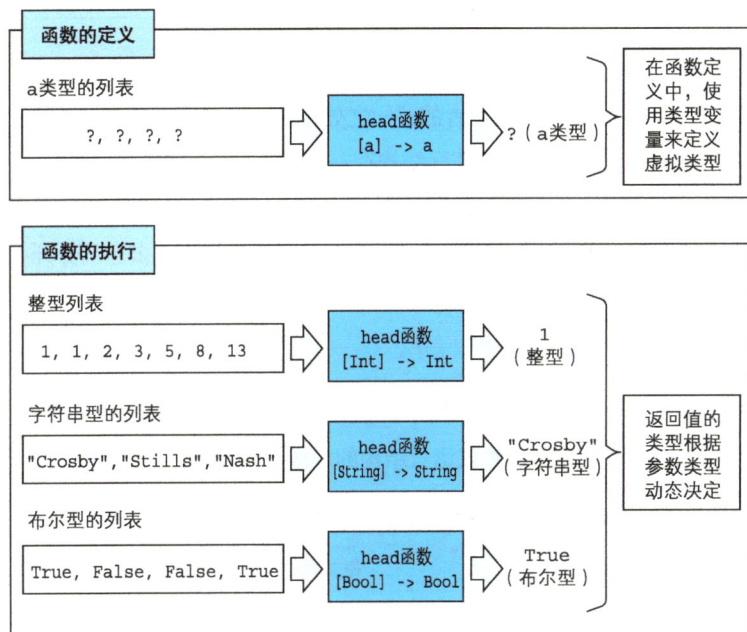

图 A-8 具有多态的函数

---

① Haskell 中规定类型变量名以英文小写字母开头，一般习惯使用 a 或 b 这样一个英文小写字母。

② 顺便一提，最初的函数式语言 Lisp 的名称就来源于"列表处理语言"（List Processing Language）。

该多态结构与前面介绍的类型推断一起，可以发挥巨大的威力。这是因为，对于具有多态的函数的返回值，类型推断也会发挥作用。例如，在 head 函数的参数是字符串型的情况下，返回值也会默认为字符串型。如果对该返回值进行算术运算，就会发生编译错误。

像这样同时使用多态和类型推断，就可以像静态类型方式那样在编译时进行错误判断，同时还可以编写出通用性强的函数。

> 使用类型推断和多态，可以简洁且安全地编写通用性强的函数。

"多态"一词的英文为 polymorphism，与本书中多次提及的 OOP 的"多态"一词完全相同。这两者的共同之处在于，针对不同类型可以使用同一个函数或方法，但它们的实际结构存在很大不同。函数式语言的多态对不同类型应用同一个函数，而 OOP 的多态则通过子类进行重写，还可以修改方法的逻辑。大家一定要将 OOP 的多态和函数式语言的多态区分开[1]。

A.10　对 7 个特征的总结

到这里为止，我们逐个介绍了函数式语言的 7 个特征。下面，我们将各个特征中介绍的表示函数式语言结构的术语汇总在表 A-3 中。

表 A-3　函数式语言的特征和相关术语

特征	说　　明	相关术语
1	使用函数编写程序	函数应用
2	所有表达式都返回值	表达式、表达式求值、Lambda 表达式
3	将函数作为值进行处理	头等函数、高阶函数

---

[1] 更详细地说，OOP 的多态被称为子类型多态（subtype polymorphism）。另外，还存在第 3 种多态，即针对多个特定类型的随意多态（ad hoc polymorphism）。在 Haskell 中，使用被称为"类型类"的结构来实现随意多态。

（续）

特征	说　　明	相关术语
4	可以灵活组合函数和参数	部分应用、柯里化、函数组合
5	没有副作用	副作用、绑定、引用透明性、延迟求值
6	使用模式匹配和递归来编写循环处理	模式匹配、递归
7	编译器自动进行类型推断	类型推断、多态、多态类型、类型变量

　　从该表也可以看出，函数式语言的结构与命令式语言有很大不同，因此存在许多特殊术语。为了充分理解函数式语言的结构，除了实际的编程语言的语法之外，还需要充分掌握这些术语的含义和目的。在大家被各项技术搞糊涂以至于无法看到全貌时，可以查阅一下该表。

A.11　函数式语言的分类

　　接下来，我们来介绍一下函数式语言的分类。函数式语言通常基于确定类型的方式和纯粹性两个维度进行分类。基于这两个维度的分类和代表性的语言如表 A-4 所示。

表 A-4　函数式语言的分类和代表性的语言

确定类型的方式 纯粹性	静态	动态
纯函数式语言	Haskell、Miranda	–
非纯函数式语言	Scala、OCaml、F#、ML	Common Lisp、Scheme、Erlang

　　横轴的确定类型的方式是根据类型检查结构的不同进行分类的。静态类型语言在程序编译时进行类型检查，动类型语言在程序运行时进行类型检查。很多静态类型语言都支持特征 7 中介绍的类型推断。

纵轴的纯粹性是针对函数式语言是否纯粹的分类。换言之，就是语言规格说明中是否允许副作用。纯函数式语言中基本上不允许副作用。而在非纯函数式语言中，语言规格说明中允许副作用。它除了提供函数式语言的结构之外，还与传统的命令式语言一样，支持将值赋给变量的语法。

不过，即使是纯函数式语言，也需要实现画面、网络和数据库等外部输入 / 输出。关于这一点，Haskell 是使用名为 Monad 的结构实现的①。

◯ A.12　函数式语言的优势

到这里为止，我们介绍了函数式语言的结构，下面，我们再来思考一下函数式语言的优势。

第一个优势就是可以简洁地编写通用性强的程序。在使用函数式语言编写程序的情况下，相比传统的命令式语言，相同的程序使用十分之一到二分之一的代码量就可以实现。代码量少，程序就容易理解，开发和维护也会变轻松。函数式语言中拥有很多传统语言中没有的结构，比如高阶函数、部分应用、模式匹配和类型推断等，如果能够掌握熟练，就可以去除冗余，编写出简洁的程序。

还有一个优势是可以简洁地编写通用的可重用构件。利用没有副作用的函数或者将函数作为头等函数进行处理的性质，我们可以编写出之前无法实现的通用性强的构件。另外，由于重用的基本单位是函数，比类的粒度小，所以有助于编写灵活的构件。

另外，"与分散并发处理兼容性好"也被认为是函数式语言的优势。没有副作用的表达式无论从何处按什么顺序执行，整体的结果都是一样的，从原理上说是适合并发处理的。灵活应用没有副作用的函数来编写多线程应用程序，就可以防止不慎修改多个线程共享的内存区域。不过，函数式

---

① Monad 是可以存储各种值的通用容器，作为名为 Monad 的类型类提供。输入 / 输出处理被封装为名为 IO Monad 的专用类型，使用连接函数（>>=）来控制输入 / 输出的顺序。

语言仅针对多个线程的并发处理，对多个进程或者多个硬件的并发处理并没有特别大的作用[①]。

虽然不是什么实用的优势，但是"函数式语言对技术人员来说很有魅力"这一点也不可忽视。传统的命令式语言中没有的各种结构、使用这些结构编写的优雅的代码、运行方式与命令式语言不同的延迟求值等，这些有趣的结构会刺激技术人员的求知欲。

A.13　函数式语言的课题

函数式语言存在什么课题呢？

运行时的性能曾是一个大课题。函数式语言的历史比面向对象还要古老，据说最早的函数式语言 Lisp 出现于 1957 年。但在之后很长一段时间，都只有一部分技术人员使用，其中一个主要原因是，函数式语言基于不直接依赖于计算机命令的结构，因此，匮乏的硬件环境无法充分实现其性能。不过，在运行于虚拟机上的 Java 和 .NET 已经普及的现在，运行速度已经不再是大问题了。

更重要的课题是函数式语言难以理解。函数和数据的区分比较模糊、无须声明类型、可以将函数指定为参数、使用模式匹配和递归来实现循环处理等，虽然这样写出来的代码很简洁，但是对于习惯传统语言的许多程序员来说，这样的代码看起来就像是无法理解的暗号。在函数式语言广泛普及之前，还需要时间让更多的人来接受、熟悉该技术。

A.14　函数式语言和面向对象的关系

最后，我们来介绍一下函数式语言与面向对象的关系。

函数式语言和面向对象在提高软件的可维护性和可重用性这一点上是相同的，但实现该目的的方法却大不相同。我们以第 3 章介绍的解决全局

———————————

① 　Scala、Erlang 等语言与函数式语言的结构不同，提供了 Actor 结构来控制多线程。

变量问题的结构为例，来比较一下它们的不同。

在面向对象编程语言中，通过将变量和过程汇总、隐藏到类中来解决全局变量问题。另外，类是组成软件的基本构件。

与此相对，在函数式语言中禁止修改变量，而是使用参数和返回值传递信息来解决全局变量问题。程序由函数的网络构成，以函数为基本的软件构件来实现整个程序。

像这样，面向对象编程语言和函数式语言的基本思想和结构存在很大不同（图 A-9）。

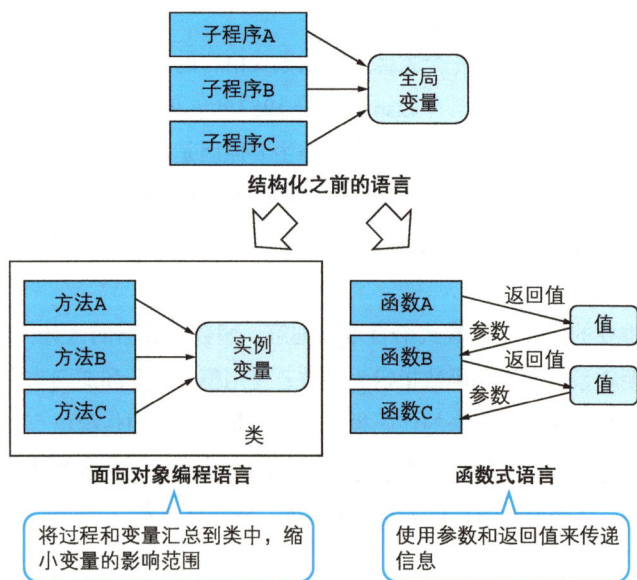

图 A-9　面向对象编程语言和函数式语言的不同

另外，面向对象编程语言和函数式语言也是互补的关系。

函数式语言中存在拥有面向对象和函数类型这两种结构的混合语言，例如 Scala、OCaml 和 F# 等。另外，现在很多面向对象编程语言引入了函数式语言的结构。

而纯函数式语言 Haskell 中也引入了一部分面向对象的结构。Haskell 中为了对不同的数据类型应用共同的函数，导入了"类型类"结构，该结构将仅可以对特定类型应用的函数定义为"方法"。用于实现该结构的各项技术中使用了面向对象中常见的术语，如"实例""继承""超类""子类"等[①]。

A.15　掌握函数式编程

Java、Python、JavaScript、C# 和 Ruby 等当前主流的编程语言在支持面向对象编程的同时，还支持函数式语言的结构。因此，为了熟练使用这些语言，除了类、多态和继承之外，我们还需要充分理解头等函数、Lambda 表达式和高阶函数等结构。另外，不管我们是否使用函数式语言，为了使程序易于维护和重用，编写没有副作用的函数或方法也是非常有效果的。

也就是说，IT 技术人员要想在今后大展身手，就需要理解面向对象编程和函数式编程，并能灵活运用它们。这两种编程技术自计算机诞生以来不断改进，如今已经变得相当复杂。但它们并不是空头的理论，而是现在立刻就能实践的技术。而一边在计算机上实践，一边来逐个理解这些技术，也是一件非常有趣的事情。

作为 IT 技术人员，其工作的最大成就感想必就在于自己参与的系统对这个世界有用。而除此之外，享受自己进行编程和设计的过程也是非常有意义的。

不管是面向对象编程语言，还是函数式语言，都是能够刺激人们求知欲的有魅力的技术。

---

① 实际上，Haskell 的类型类结构与面向对象编程语言的类结构是不同的。在面向对象编程语言中，类是类型，而 Haskell 的类型类能汇总多个类型中共同的性质，类型类的实例是类型。另外，Haskell 的类型类还支持将某种类型作为多个类型类的实例的多重分类。

深入学习的参考书

[1] Graham Hutton. Programming in Haskell, Second Edition[M]. Cambridge University Press, 2016.

[2] Will Kurt. Get Programming with Haskell[M]. Manning Publications, 2018.

如果想充分理解函数式语言的结构和思想，建议大家学习 Haskell。对于习惯了命令式语言的程序员来说，使用纯函数式语言进行编程，一定会感到惊奇并有重大发现。Haskell 相关的图书有很多，目前推荐大家阅读这两本入门书。

[3] Martin Odersky, Lex Spoon, Bill Venners, Frank Sommers. Scala 编程（第 5 版）[M]. 高宇翔，译. 北京：电子工业出版社，2022.

该书介绍了在 Java 虚拟机上运行的、作为 Java 的进化形式的 Scala。Scala 是面向对象编程语言和函数式语言的混合语言，支持许多能改善 Java 缺点的结构，所以它的语言规范非常庞大。该书以超过 600 页的篇幅，为读者讲解了 Scala 的性质和语法。

[4] 竹内郁雄. 初めての人のための LISP [増補改訂版] 初めての人のための LISP [増補改訂版][M]. 东京：翔泳社，2010.

☆☆

这是一本以独具一格的方式介绍函数式语言的鼻祖 Lisp 的入门书。Lisp 出现于计算机技术诞生早期的 20 世纪 50 年代。这种编程语言具有非常独特的观点，它只具有最低限度的语法，函数和数据都用列表表示。该书通过出场人物之间轻松有趣的对话，带领读者了解 S 表达式和 5 个基本函数等 Lisp 的结构和基本思想。

当今的OOP

打造了函数式语言的箱庭的 Java

　　Java 是 1995 年发布的一门面向对象编程语言。

　　Java 继承了 Smalltalk 的一些重要性质，比如以 Object 类为根类的继承结构、丰富的类库、实现跨平台的虚拟机结构等，而其语法则吸收了 C 语言的优点，现在，Java 已经成为服务器端应用程序开发的主流语言。Java 的开发和运行环境可以免费下载，这在当时也是划时代的。

　　Java 是一种面向对象编程语言，函数和全局变量都不可以单独定义，它们都定义在类中。

＊　＊　＊

　　2014 年发布的 Java 8 进行了大幅更新，开始支持函数式编程。然而，Java 并不支持函数式语言的所有结构，只是引入了一部分函数式语言的结构。

　　Stream 接口是处理数据集合的结构，它可以对集合中的各个数据应用头等函数，来转换数据的值（map）或提取符合条件的数据（filter）。头等函数可以写成 Lambda 表达式。

　　List 和 Set 等传统集合也可以转换值或提取数据，但函数式语言的结构可以让代码更加简洁、优雅。

　　另外，为了在保持面向对象编程语言框架的同时，还可以提供头等函数的结构，Java 引入了仅定义一个公共方法的函数式接口（@FunctionalInterface）。通过从 List 和 Set 等传统集合转换为 Stream 的结构，以及从 Stream 转换为集合的结构，Java 可以确保应用程序的兼容性。

　　不过，Stream API 的内部是真正的函数式语言的结构。由于它是延迟求值方式，所以采用多线程方式运行，可以处理海量数值。Lambda 表达式中支持类型推断。

　　除此之外，Java 还引入了一些使用了函数式编程的结构的功能，比如使用 Optional 类来处理可能为

null 的变量、使用 Stream 接口来读取文件等。

***

Java 仍然是面向对象编程语言，只是某些部分可以使用函数式语言的结构。Stream 和 Optional 可以说是面向对象编程语言中打造的函数式语言的箱庭。

目前，Java 被广泛用于政府和企业的核心系统中，已经树立了"面向健壮系统的标配语言"的形象，不过即便如此，今后它应该还会继续进化吧！

后　记

日语中有一句杂俳，大意是"看不懂药品的疗效说明书，反而让人觉得药很有效"。这句杂俳反映了人们的一种心理，不明白疗效说明书，反而觉得药很高级，很有效。

面向对象也有类似之处。

"封装、多态和继承三种结构""现实世界和软件都可以用面向对象来整理""XP 在需求定义和设计之前开始编码"等，当第一次听到这些时，相信不少人都会觉得"虽然不是很明白，但好像很厉害的样子"。

然而，计算机终究只是使用 0 和 1 来表示所有内容的机器，软件是驱动计算机的结构。即使让人觉得不可思议，或者无法充分理解，但只要是可以实际使用的技术，就一定可以用理论来说明。

IT 领域的技术革新速度非常快，今后也会不断出现新的技术。有的技术或许会颠覆之前的常识，或者非常复杂。即便如此，IT 技术人员也必须充分理解这些技术，并熟练掌握。

在学习这些技术的过程中感到迷惑时，大家除了考虑"如何使用该技术"（How）之外，还要考虑"该技术究竟是什么样的"（What）和"该技术为何存在"（Why）。充分掌握新技术的捷径就在于此。

致　谢

感谢平锅健儿和小森裕介为本书写了精彩的推荐序。再次感谢在本书第 1 版和第 2 版写作期间给予笔者诸多帮助的重见刚、向井丞、小笠原记子、高桥英一郎、近栋稔、渡边博之、梅泽真史、牛尾刚、林浩一、渡边幸三、冈本和己、大塚庸史、和田卓人等。感谢 UL Systems 公司、OGIS-RI 公司、日本 UNISYS 公司的各位前辈、同事和客户。

衷心感谢在博客、SNS 和网上书店对本书第 1 版和第 2 版写下评论和感想的各位。每当读到好评时，笔者就会有满满的成就感，同时也深感将自己的想法整理成文章这件事情责任之重大。而读者提出的差评则成为笔者改进本书内容时的重要参考信息。

日经 BP 的编辑田岛笃和中川广实为本书提出了很多宝贵的意见，并仔细地进行了原稿审读。感谢负责图书制作的 Kunimedia 公司的诸位、为本书绘制了插图的叶波高人，以及给予笔者在杂志《日经软件》上连载技术文章的机会的柳田俊彦和真岛馨。再次感谢本书的"生母"、现在就职于日本经济新闻社的高畠知子，如果没有她，就没有本书的问世。

在本书第 1 版出版时的 2004 年，笔者慈爱的父亲过世了，4 年前，一直把笔者当作孩子呵护的母亲也离开了，笔者失去了为新书出版而感到骄傲的父母。2004 年还在上小学和幼儿园的两个女儿现在已经长大成人了。最后，还要感谢支持笔者在家写作的妻子。

版 权 声 明